技术五维度评价方法

目光团队　著

中国宇航出版社
·北京·

图书在版编目（CIP）数据

技术五维度评价方法 / 目光团队著 . --北京 : 中国宇航出版社，2019.5

ISBN 978-7-5159-1617-0

Ⅰ.①技…　Ⅱ.①目…　Ⅲ.①武器系统—综合评价
Ⅳ.①TJ

中国版本图书馆 CIP 数据核字（2019）第 070535 号

责任编辑　舒承东　　　封面设计　宇星文化

出版发行　中国宇航出版社

社　址　北京市阜成路 8 号　　邮　编　100830
（010）60286808　　（010）68768548
网　址　www.caphbook.com
经　销　新华书店
发行部　（010）60286888　　（010）68371900
（010）60286887　　（010）60286804（传真）
零售店　读者服务部
（010）68371105
承　印　河北画中画印刷科技有限公司
版　次　2019 年 5 月第 1 版　　2019 年 5 月第 1 次印刷
规　格　880×1230　　开　本　1/32
印　张　5.5　　字　数　158 千字
书　号　ISBN 978-7-5159-1617-0
定　价　70.00 元

前言

写作《技术五维度评价方法》希望达到四个方面的目的。一是发现“好”的技术、“好”的方案和“好”的系统，发现技术的综合特性、特长和短板，为装备方案优化设计、装备发展以及装备技术体系研究过程中技术选择与决策提供更加全面、科学的支撑。二是发展“好”的技术、“好”的方案和“好”的系统，需要根据装备对技术的需求有针对性地运用其中的优势或弥补其中的短板，以均衡提升技术本身的潜力和生命力，进而提升装备技术的竞争优势。三是发挥“好”的技术、“好”的方案和“好”的系统，“好”的装备技术方案是由不同特点、不同属性的装备技术群构成的，利用科学的技术评价方法和手段，可将这些技术优化组合成一个高效的整体，使得每一项技术都能够扬长避短，相互取长补短，从而发挥装备的最大效能。四是拥有对“好”的技术、“好”的方案和“好”的系统“发言”权，科学的技术评价方法应该是定性与定量相结合、兼有针对性和普适性的一种评估方法。采用容忍“短板”的评估分析方法实现技术选择，采用放大短板效应的方法评估技术，与过去的评估方法相比，其用途更广，普适性更强。

写作《技术五维度评价方法》遵循四个原则。一是“四性”结合，技术先进性、经济合理性、生产可行性和使用匹配性相结合；二是“两需”结合，当前需要和长远需要相结合，将技术的发展与装备当前发展的需要和长远发展的需要有机结合；三是“两利”结合，局部利益与整体利益相结合，在处理局部利益同整体利益的关系时，原则上局部利益要服从整体利益；四是信效结合，评价结果的稳定性和一致性与评价方法的有效性和正确性相结合。

本书分为九章。第一章问题的提出，通过回顾技术评价的历史，阐述了目前技术评价面临的主要问题和本书所借鉴的评价理论与方法，以及技术评价的目的和意义。第二章技术评价的理论方法，从装备需求的差异性和技术的差异性，以及装备与技术的匹配性原理出发，提出了技术五维度评价的理论基础，并对五维度评价理论的基本假设和主要思路进行了阐述。第三章技术五维度评价方法，研究提出了技术成控度、技术贡献度、技术承受度、技术普适度和技术体验度的概念内涵、评价要素和评价标准，并详细阐述了技术五维度评价的组织流程和评价方法。第四章技术五维度评价模型，提出了技术成控度、技术贡献度、技术承受度、技术普适度和技术体验度五个维度的评价要素和评价标准，构建了五维度评价模型。第五章装备与技术的匹配性，研究归纳了技术素质差异，将其分为五型十类，并从不同代际、不同使命、不同用途和不同使用状态四个方面研究提出了装备需求差异。利用差异性原理，从型装匹配、类装匹配、适本匹配和潜发匹配四个角度深入开展了需求与技术匹配性的研究。第六章国外弹道导弹技术五维度评价分析，以国外典型弹道导弹关键技术为评价对象，利用提出的技术五维度评价方法，对国外典型的四代弹道导弹的关键技术进行评价，分析了弹道导弹的需求差异导致的技术需求、技术素质的差异对技术五维度评估结果分布的影响，结合国外具体装备在局部战争中的表现，分析了技术五维度评价指标或评价要素在装备全寿命周期中的具体表现。第七章国外飞航导弹技术五维度评价分析，以美国战斧系列巡航导弹关键技术为评价对象，对四代战斧巡航导弹的关键技术进行综合评价，重点分析了技术五个维度评价值的分布特点及其形成原因，飞航导弹的需求差异导致的技术需求、技术素质的差异对五维度评估结果分布的影响，结合国外具体装备在局部战争中的表现，从“发现”技术、发展技术和技术素质与装备需求匹配一致性方面给出了启示。第八章国外防空导弹技术五维度评价分析，以美国和俄罗斯两个军事强国的典型防空导弹及其关键技术为评价对象，从五个维度分析了基本型、发展型和未来型防空导弹技术五维度评价值分布特点及形成原因，并对装备需求和技术素质匹配性进行了分析。第九章国外空空导弹技术五维度评价分析，对国外典型的四代空空导弹的关键技术进行评价，分析了空空导弹的需求差异导致的技术需求、技术素质的差异对技术五维度评估结果分布的影响，结合国外具体装备在局部战争中的表现，给出了启示。

本书适用四类用户：一是装备研制部门，用于导弹研发部门的技术选择、方案选型和本单位装备技术发展规划；二是装备使用部门，用于导弹作战运用研究和改型需求指导；三是高等院校，用于装备优化设计技术的教学；四是领导机关，用于装备体系及其技术体系的发展规划等。

本书是作者对装备技术素质特点和装备需求，以及两者匹配性的思考和总结，提出的五维度概念、内涵和评估模型还有不完善的地方，还需要今后不断地研究、完善和发展。敬请读者批评指正。

目 录

第一章　问题的提出

武器装备中的技术一般是科学技术的简称。科学是人类认识世界的知识体系，技术是应用科学原理而发展的技能、手段和方法。科学是技术的理论指导，技术是科学的具体体现，两者相互渗透、相辅相成。

技术是武器装备的基因，是构成武器装备技术方案、物化为武器装备、形成战技性能指标的基本要素。武器装备的技术一旦选定，就决定了武器装备的能力和水平，决定了技术实现的难易程度和成本代价，决定了其生命周期和适用程度，决定了工业基础的表征和"能打仗、打胜仗"的基本素质。

技术是装备能力的决定性因素。选择、发展和应用什么样的技术，不仅是武器装备"能打仗、打胜仗"的客观要求，同时也是一个单位和企业拥有核心竞争力、不断发展壮大的必然要求。正因为此，我们需要建立一种科学的、有效的和简便的方法，能够全面客观地认识技术的属性、特点和优长，能够准确地选择和发展对武器装备建设和发展起主导作用的技术体系，能够根据不同武器装备对技术的不同需求，而将相应的技术与其匹配，实现技术和装备的高效融合，从而不断提高武器装备运用效益。这就是开展技术五维度评价研究的根本着眼点和出发点。

一、技术评价的历史回顾

技术评价也称技术评估，是指就技术对武器装备的影响进行综合的、多方面的估价和分析，从而为发现技术、发展技术和发挥技术的优势等提供决策支持。技术评价着重研究一项技术的引入对武器装备带来的潜在的、间接的和直接的效果。主要内容包括：一是在技术开发和应用时，预先从各个方面、各个角度研究技术带来的好或坏的影响，并找出对策或替代方案；二是对技术的可行性、经济性、使用性等方面进行分析；三是提出客观的结论和建议。

技术评价起源于美国。1966 年由美国众议院科学技术委员会首先提出，1972 年美国通过立法建立了国会技术评估办公室，随后美国国家科学院、工程院以及联邦政府的一些机构和私营企业也都建立了相应部门。后来，联合国等一些国际性组织和一些发达、发展中国家也陆续开展了技术评价工作。技术评价工作此后不断地向国防和军事领域渗透发展。

从技术评价作为一种科学研究活动产生之日起，世界各国都在尝试寻找能够对技术进行准确、全面、客观、简洁的评价方法。至今已经普及应用了技术成熟度评价法、专家评价法、量化评价法和试验评价法等。这些方法各有其特点和优势，但对武器装备技术评价仍存在局限和不足。

（一）技术成熟度评价法

技术成熟度（Technology Readiness Level，TRL）评价法是国际上广泛使用的一种量化评价方法，主要用于评价重大科技攻关和工程预研项目进行的情况。通过技术成熟水平分析，可以有效控制系统风险，通过评估每项技术的成熟度及风险，可以确定对单项技术风险的控制管理方法，降低整体风险水平，把资源用在合理的地方。技术成熟度评估标准制定的依据是技术的物化形式和试验状态，按九级技术成熟度评价准则开展评估。

技术成熟度最早由 NASA 提出，并在重大航空航天项目管理的过程中不断修改完善，2001 年，美国国防部（DOD）开始采纳 TRL，并颁发 TRL 军标指南草案，现在美军要求将 TRL 应用于所有的重要采办计划中，美国审计署、能源部等单位也相继采用该评价体系并推广至其他多个领域。这一方法也被其他多国所采用。我国于2012年颁发了TLR国军标，在国防领域得到了广泛的应用，取得了控制风险的显著效果。

（二）专家评价法

专家评价法是指选取相关学科、工程项目领域的专家学者作为咨询团队，在定性和定量基础上，以打分等方式对需要评价的技术做出定量评价的方法。可以采用集中式或分散式，通过打分或两两比较等方式，综合专家经验得到技术评估结果。这类方法主要有Delphi法、TOPSIS法、头脑风暴法、问卷调查法等。

它的评价过程是首先根据评价对象的具体情况选定评价指标，并对每个评价指标赋予固定分值；然后以此为基准，组织专家对评价对象进行分析和评价，并给出各个指标的分值；最后根据各个专家的打分结果，采用加法评分法、乘法评分法或加乘评分法求出各评价对象的总分值，从而得到评价结果。专家评价法的评价原理是在对评价对象定性分析的基础上，以打分形式作出的定量评价，其结果具有数理统计的特性。

专家评价法是出现较早的一种评价方法，它可以应用于各个领域，可以应用于各种评价对象。专家评价的准确程度，主要取决于专家的阅历、经验以及知识的广度和深度。这一方法要求参加评价的专家对评价的系统具有较高的学术水平和丰富的实践经验。

（三）量化评价法

量化评价法是数量化评价法的简称，是指对事物发展过程和结果从数量方面进行描述、分析，采用数学的方法取得数量化结果的评价方法。

美国空军实验室（Air Force Research Laboratory，AFRL）致力于制定美国空军武器装备的技术发展路线图，为了处理好路线图中涉及的技术评估问题，他们自行设计了一套定量化的技术评估方法，以获取相关技术对装备系统关键能力的影响的定量化评估结果。

量化评价法通过对关键技术进行参数建模和构筑仿真，不仅可以为决策者提供相对具体的评估决策结果及建议，而且还可以提供可追踪的决策过程。

（四）试验评价法

试验评价法是指通过实物试验、半实物仿真试验、数字仿真试验等试验手段，对武器装备所采用技术的结果进行测试、评估的方法。它是对技术评价最原始、最直接的一种方法。

二、技术评价存在的问题

从技术评价的历史回顾可以看出，无论是哪种技术评价方法都是为解决某种单一问题而使用的，评价的都是技术的某一个方面或某几个方面特性，若直接应用到装备技术综合评价上，则存在一定的片面性、主观性、事后性、跟随性问题。

（一）片面性问题

1. 技术成熟度评价方法

技术成熟度评价方法只评价某项技术的成熟程度，技术成熟度不达到规定的等级，就不能转入技术应用或型号研制相应的阶段，这种把关虽然可避免技术风险对研制周期、经费和性能等的影响，但是作为对新技术的唯一标准却存在片面性。

第一，它不能衡量技术的重要程度。就像一个人的年龄不能与承担的岗位相对应一样。如果一项新技术对装备性能的实现是必不可少、不可替代的，暂时的不成熟并不会影响对该技术的取舍；而一项技术虽然达到规定的成熟度，但如果该技术对装备性能贡献不大，完全可以不选用。

第二，它不能度量采用该技术所付出的代价。采用一项技术所付出的代价可体现在攻关过程中，也可体现在装备使用过程中。例如美国的战斧基本型巡航导弹采用地形和景象匹配技术以解决长时间飞行和长距离攻击的导航精度问题，需要作战区域内的地形图、目标区的景象图以及航区的气象要素，而获取和制备这些信息是非常难的，且这些信息是易变化的。

第三，它不能考量技术的“生命力”。技术的“生命力”体现在装备基本型、系列化发展上，通过技术的拓展、挖潜和改造，能够实现装备性能的提升发展，是多快好省的发展途径；体现在与装备体系的融合上，可实现“即插即入”，技术匹配协调；体现在技术的“生存时间”上，能够支撑几代装备的发展。生命力差的技术容易形成“技术孤岛”。

第四，它不能称量是否“好用、实用、管用”。技术先进不一定代表装备好用，技术性能好也不等于作战使用性能好。例如美国F-117飞机，其隐身性能出众，前向短波雷达隐身能力可以达到0.001平方米量级，但是隐身技术的严重倾斜，使得该飞机的其他作战性能出现严重短板，如缺乏对空打击能力、自主通信能力差、没有自卫火炮等，隐身技术没有使F-117取得与技术倾斜相应的实战效果。

第五，它不能衡量技术非自主可控的风险。技术成熟度评估虽然是控制技术风险的有效手段之一，但技术的风险来自多个方面。一项技术既要成熟又要自主可控，或者在自主可控的前提下达到相应的成熟度，显得尤为重要。

2. 专家评价法

专家评价法在进行技术评价时会在以下方面表现出不同程度的片面性：

一是在专家团队的选择上，往往主要选择研发单位的专家和行业内的同行专家，缺少用户和管理机关的专家代表，使得评价结果偏重于技术推动的立场，而缺乏用户的体验。

二是在评价的内容和要素上，往往侧重于技术的必要性和可行性，缺少对技术实用性的关注，使得评价结果偏重于技术先进性。

三是在评价标准上，往往对经济性和适用性的评判标准设定得比较模糊，导致技术的不当和过度运用。

3. 试验评价法

试验评价法在进行技术评价时会在以下方面表现出不同程度的片面性：

首先，试验的对象难以涵盖全部的技术。武器装备是由众多技术组合而成的系统，无论进行何种试验，无论进行多少次试验，实际上都难以对武器系统中所使用的所有单项技术逐一进行试验验证，试验的内容难以覆盖全部的功能状态和可能出现的异常情况，这就会导致通过试验进行技术评价的结果带有一定的片面性。

其次，试验的环境难以覆盖真实的条件。从武器装备的试验来说，无论试验设计得多么完美，试验条件与真实使用环境都会存在一定的差别。这样，评价结果就会与真实状况存在一定偏差，导致片面性。

再次，试验的模型难以全面、准确、客观地表征技术的本质。模型和算法的偏差会导致仿真试验结果的片面性。

（二）主观性问题

当前普遍采用的评价方法从其评价结果上看，常常带有主观性，或者与评价人的经验、偏好等因素有关，或者与评价结果使用者的个人理解有关。这主要体现在，一方面，评价结果很大程度上取决于评价人的个人主观意识，另一方面，评价结果不是定量的数据形式，往往是模糊的定性描述，导致评价结果的使用者无法简洁、客观地认知评价结果。

1. 专家评价法

专家评价法在进行技术评价时会在以下方面表现出不同程度的主观性：

第一，在对新技术评价中，专家往往利用过去的经验对新技术进行评判，而过去的经验并不一定能够真正衡量新技术的本质和未来的应用。这种知识和经验的代差造成了评价的主观性。

第二，在对有争议的技术的评价中，专家往往将个人对技术的喜好和熟悉的程度带入其中，从而造成主观性。

第三，在组织技术评价中，组织者对评价要素和标准的选择上，往往带有倾向性和先入为主的导向，从而造成评价结果的主观性。

2. 试验评价法

试验评价法在进行技术评价时会在以下方面表现出不同程度的主观性：

一是在试验方法的选择上，要么偏重于实际试验的评价，从而造成试验的代价高昂；要么偏爱于仿真试验，造成结果与真实的偏差。

二是在试验环境的设置上，要么过分地保守，试验条件过于严苛，从而造成技术的特点和优势难以有效发挥；要么过于草率，试验条件低于真实的环境，从而造成在实际使用和试验中发生问题。

三是在试验结果的评判上，由于试验的昂贵和条件的局限，试验子样往往不多，试验的剖面也不能够涵盖全部的使用环境，从而造成评价结果的偏离。

（三）事后性问题

1. 偏重于对结果的评价，而缺乏对预期的评价

评价的时机往往集中于进行重大决策、出现重大问题、面临重大选择之时，这些时机都出现在技术工作进行到一定阶段之后，都是事后性的评价。这种评价会带来决策的成本代价增大。而事先的技术评价则可以对技术可能出现的结果进行预测和分析，从而在一开始就能避免可能带来严重不良后果的技术选择和决策。

2. 偏重于对技术本身的评价，而缺乏对装备应用的匹配性评价

只是为了评价而进行评价，只是为了选择而进行评价，而忘记了评价的目的在于技术的运用。只是简单地评价技术的好坏和高低，

而忽略了技术类型的区别和优长，从而造成一些特长技术和有潜力的技术落榜。只是评价技术，而忽视了对装备需求的评价，使得装备所采用的技术并不是最佳的匹配技术。

（四）跟随性问题

武器装备长期跟随式的发展模式，导致发达国家发展什么装备我们就发展什么装备，发达国家采用什么技术我们就重点发展什么技术，从而造成技术评价和技术采用的盲目性。引进什么装备就消化吸收什么技术，使得在消化吸收基础上进一步创新发展时，技术往往满足不了装备提升需要。

三、技术评价的借鉴方法

目前普遍使用的技术评价方法均在不同程度上具有一定的局限性，需要从多个维度对技术进行全面、客观、准确、有效的评价。对技术的评价与对人才的评价以及对领导干部的测评具有异曲同工之妙，可以借鉴人力资源领域中的人才评价和领导干部民主测评的理论和方法。

（一）借鉴人才评价的理论和方法

人才评价的理论基于人才和岗位的差异性。人才评价的方法主要有无领导小组讨论、公文筐测验、角色扮演法、案例分析法、即席演讲法、事实搜寻法、管理游戏、情境判断测验、结构化面试、心理测验和评价中心技术组合 11 种方法。这些方法对我们进行技术评价都具有借鉴意义，而其中的结构化面试评价方法尤其值得参考和推广。

结构化面试是对面试的测评要素、面试题目、评分标准、具体操作步骤等进行规范化、结构化和系统化，并且统一培训面试官，提高评价的公平性，从而使得面试结果更为客观、可靠，使同一职位不同应试者的评价结果之间具有可比性的一种有效的技术手段。传统面试侧重于对人才的综合性评价，不加以区分地对所有人才进行统一标准的评价，而结构化面试则重点考察面试者的能力与从事岗位的匹配性、面试者的个体特性与从事岗位的匹配性、面试者的价值观与组织文化和组织目标的匹配性以及面试者的潜质与组织未来发展的匹配性，结构化面试能够预测评价对象在未来工作岗位、未来单位的工作绩效，最终最大限度地实现“人-岗位-组织”的匹配。

结构化面试分为行为性面试、情景性面试、基于预期绩效的面试和特质面试四种类型。行为性面试是通过一系列针对应试者过去行为的问题，收集应试者在代表性事件中具体行为和心理活动的详细信息。基于应试者对以往工作事件的描述及面试考官的提问和追问，运用胜任特征模型来评价应试者在以往工作中表现出的素质，并以此推测其在今后工作中的行为表现。情景性面试强调未来行为，并通过询问“如果……，你将怎么做?”来考察应试者的岗位胜任程度。基于预期绩效的面试把工作岗位的关键绩效指标和面试中所提的问题、回答及评价紧密联系起来，使用这种方法进行面试时，面试官不仅关注应试者的行为，更注重这种行为所能实现的目标。特质面试是一种主要针对应试者的个性、职业志趣、价值观以及潜质等关键个性特质和行为倾向的面试方法。

（二）借鉴领导干部民主测评的理论和方法

领导干部民主测评是指组织部门在考核和评价党政领导干部时，在一定范围内，了解其他干部、群众对被考核领导干部的履职情况以及德才表现的评价意见的一种方法，它是实现民主监督和公开监督以及了解民意的重要手段之一。领导干部民主测评广泛应用于领导干部选拔任用、年度考核、任期考核等人事决策领域。民主测评既体现了多数人广泛有效、直接或间接地参与评价和决策的一种机制，也体现了少数人行使权力并处于多数人的有效制约和监督之下的特点。

在领导干部民主测评中，对民主测评结果影响非常大的一个因素是民主测评的内容以及这种内容的呈现方式。目前，在对党政工作部门领导班子成员进行民主测评时，所采用的测评要素是在德、能、勤、绩、廉5个一级要素的基础上，再进一步分解的13个二级要素以及39～41个三级要素。测评时，测评人员采取书面的形式，按照民主测评设定的测评要素和测评指标（一般分为优秀、良好、一般、较差四个标准），对测评对象在每一个测评要素上的表现进行打分。同时，还要对测评对象进行总体评价，划分为优秀、称职、基本称职、不称职四个档次。

领导干部民主测评在坚持走群众路线，深化干部人事制度改革，遏制领导干部选拔任用中的不正之风，实现领导干部测评的制度化、规范化、科学化等方面发挥了重要的作用。

领导干部是特殊的人才，是人才的一种类型。当前，针对领导干部民主测评中存在的公正性、一致性、准确性等问题，民主测评也正在借鉴人才评价的原理、手段和方法，不断地进行改进和完善。

因此，人才评价的原理和方法是开展技术评价的重要参考依据。借鉴领导干部能力素质德、能、勤、绩、廉五大要素，将成控度、贡献度、承受度、普适度、体验度定义为技术评价的五个维度，可以更加立体、全面地考察和衡量技术的特性及其价值。

四、技术评价的目的和意义

（一）发现作用

五维度技术评价可以发现“好”的技术、“好”的方案和“好”的系统，发现技术的综合特性、特长和短板，为装备方案优化设计、装备发展和装备技术体系研究过程中技术选择与决策提供更加全面、科学的支撑。

我国自古就有“三岁看大，七岁看老”的俗语，它概括了人成长的一般规律，通过对幼儿及儿童心理特点、个性倾向等多方面的评估与分析，能够看到一个人一生的成就。装备技术、武器方案和武器系统也是如此。在武器装备及其技术体系建设过程中，应采用科学的方法发现具有发展潜力、或者能够为装备能力带来本质提升、或者具有很强的扩展性和普适性等特点的技术，以满足不同需求。

（二）发展作用

对于发现的“好”技术、“好”方案和“好”系统，需要根据装备对技术的需求有针对性地运用其中的优势或弥补其中的短板，以均衡提升技术本身的潜力和生命力，进而提升装备技术的竞争优势。

具有生命力和发展潜力的技术在刚开始出现的阶段往往成熟度和承受度都不高，通过重点对成熟度和承受度的攻关，这些技术就会在装备发展建设中发挥重要作用，为后续武器装备的发展和装备技术体系优化提供强有力的支撑。

（三）发挥作用

“好”的装备技术方案是由不同特点、不同属性的装备技术群构成的，利用科学的技术评价方法和手段，可将这些技术优化组合成一个高效的整体，使得每一项技术都能够扬长避短，相互取长补短，从而发挥装备的最大效能。

科学的技术评价方法用于武器装备方案评估与选择，能够全面评估装备的技术性能、经济性能和实战性能，从而指导武器方案的优化设计，能够在众多的竞争方案中发现和选择综合效能最高的武器装备发展技术途径，从而极大地挖掘技术和方案的潜能。

（四）“发言”作用

科学的技术评价方法应该是定性与定量相结合、兼有针对性和普适性的一种评估方法。采用容忍“短板”的评估分析方法实现技术选择，采用放大短板效应的方法评估技术，与过去的评估方法相比，更科学、更适用。

科学的技术评价方法用于发现“好”技术、“好”方案时，能够通过计算以定量的形式进行综合评价，实现对“短板”的宽容，从而不会漏掉可用度不高但潜力大的技术。科学的技术评价方法能够为武器装备研发部门、军种装备部门、军委管理部门，开展技术选择、安排技术攻关、分析技术可用度、评估武器装备方案，提供一套完备的理论和一种科学的手段，从而增加技术评价的权威性，得到应有的话语权。

第二章　技术评价的理论方法

参考和依据人才评价原理和方法提出的技术五维度评价方法，运用差异性理论，从技术价值、经济价值、使用价值和社会价值等方面，综合考虑技术先进性、经济性、可行性和使用性，根据当前需求与长远需求、局部利益与整体利益、信度与效度相结合的原则，在技术素质相对稳定和可测两个假设基础上对技术进行多维度、多要素、多定量、多方法、多代表的评价。

一、理论依据

技术五维度评价的理论依据是装备需求、技术素质、装备与技术的匹配性存在差异，也就是差异性的理论。

（一）装备需求的差异性

装备需求差异性是指不同的装备对技术的需求存在差异性。

信息化装备和机械化装备、主战装备和保障装备、平台装备和弹药装备、通用装备和专用装备、重复使用装备和一次性使用装备、侦察装备和打击装备、战略装备和战役战术装备等，因装备属性不同、使命任务不同、作战环境不同等，对需要采用的技术各有其特定的需求。一项技术在一种装备中能够很好地发挥作用，而在另一种装备中很可能效果变差。

（二）技术素质的差异性

技术具有不同的属性、类别、素质和内涵。技术没有绝对的好与坏，只有选择和应用的好与坏。

技术素质差异性强调技术与技术之间存在的先天和后天形成的内在和外在属性。相同的技术在不同的装备中应用，会体现出素质差异。不同的技术在相同装备中应用，也会体现出素质差异。

技术素质差异主要体现在内涵差异、外在差异和环境差异三个方面。内涵差异是指技术具有不同的内在属性，如材料技术、信息技术、导弹技术等，各具有不同的内涵和特征。外在差异主要是指技术外在特性，如技术的性能指标、成本和代价等。环境差异主要是指技术与应用环境的协调性和匹配性。

（三）装备与技术的匹配性

技术没有绝对的好与坏，只有选择和应用的好与坏。把合适的技术应用到合适的装备之中，使得技术发挥最大效能，是装备与技术匹配的标志。

如战略性装备，因其战略性地位和作用，为提高威慑和实战能力，所采用的技术往往是前沿性的、颠覆性的和战略性的，一般不计成本和代价。

如通用装备，因其装备数量大、使用范围广，所采用的技术往往是基础性的、成熟的和普适的，一般更加注重低成本。

如一次性使用装备，因其在使用过程中的不可维修性，所采用的技术往往是成熟的、高可靠的和自主可控的，一般不依赖于国外。

二、主要内容

（一）技术价值的评价

技术价值的评价主要是从技术角度做出评价，包括两项内容：一是技术的先进性，如技术的指标、参数、结构、方法、特征，以及对科学技术发展的意义等；二是技术的适用性，如技术的扩散效应、相关技术的匹配、实用程度、形成的技术优势等。对武器装备而言，主要是评价技术的成熟度、贡献度、普适度等。

（二）经济价值的评价

经济价值的评价主要是对技术的经济性做出评价。其评价是多方面的，可以从市场角度进行评价，如市场竞争能力、需要程度、销路等；也可以从效益上进行评价，如新技术的投资、成本、利润、价格、回收期等。对武器装备而言，主要是评价技术的经济可承受度。

（三）使用价值的评价

使用价值的评价主要是对技术的使用价值做出评价。着重评价用户体验度。对武器装备而言，就是评价技术的好用、实用、管用程度。

（四）社会价值的评价

社会价值的评价主要是从社会角度对技术做出评价。如新技术的采用和推广应符合国家的方针、政策和法令，有利于环境保护和生态平衡，有利于社会发展、劳动就业、社会福利以及人民生活、健康和文化技术水平的提高、资源的合理利用等。对武器装备而言，主要是评价技术的带动性、普适性等。

三、基本原则

（一）“四性”结合

“四性”结合是指技术先进性、经济合理性、生产可行性和使用匹配性相结合。

技术先进性就是技术创新性。只有创新才能保证所开发的技术成果具有先进水平。创新是技术开发中选题与成果评价的重要依据。

经济合理性包括保证用户在使用技术成果过程中经济合理，能够为生产企业带来生产经营的经济效益。

生产可行性是指能够预计到推广应用的可能性。例如，对机电产品要考虑到使用部门、地区对新产品、新技术的吸收、消化能力，操作使用习惯等。

使用匹配性是指技术满足装备需要的程度，强调把“对”的技术用到“对”的装备中。

（二）“两需”结合

“两需”结合是指当前需要和长远需要相结合。技术的发展不仅要满足当前武器发展的需要，更要兼顾到武器装备长远发展的需要。这是设计和打赢未来战争的必然要求。

（三）“两利”结合

“两利”结合是指局部利益与整体利益相结合。技术效益要求不仅能为本装备和本企业带来效益，而且能为本行业、本地区乃至整个国民经济和国防工业的发展带来效益。在处理局部利益同整体利益的关系时，原则上局部利益要服从整体利益。

（四）信效结合

信效结合是指技术评价的信度和效度相结合。信度是指评价结果的稳定性和一致性，效度是指评价方法的有效性和正确性。信度和效度的结合是技术五维度评价方法中科学性和客观性的要求和体现。

四、基本假设

技术五维度评价方法是建立在以下假设的基础之上的。

（一）技术素质的可测性

技术素质是可测量的。技术素质是技术的内在属性，通过应用于武器装备展现出外在属性。技术素质和武器装备之间存在一系列的相关性，当这种相关性具有足够的稳定性和强度时，可以通过对技术和应用的信息收集和分析，间接地推测和判断出技术的素质。也就是说，技术素质是可以进行测量的，只要方法得当，在一定条件下是具有一定的可靠性和准确性的。

（二）技术素质的稳定性

技术素质具有相对稳定性。也就是说，作为评价对象的技术的难易程度、成熟度、经济性、应用广泛性等属性具有相对稳定性。如果技术的这些属性总是处于时刻变化之中，技术评价的意义将会大大削弱，这是因为技术评价的最重要功能之一就是预测某项技术的潜在能力和社会效益。如果一项技术的全面属性在未来都会呈现出与当前的极大不同，则这种预测就会失去价值。幸运的是，一项技术的许多属性都是相对稳定的，正是这种基本属性的稳定性为技术评价提供了基础。

五、主要思路

（一）多维度评价

技术素质表现为多个方面和维度。这就决定了必须从多个方面和维度对技术素质进行评价和分析。只有对技术进行多维度评价，才能使技术评价体现全面性、客观性、准确性和科学性。

从时间维度看，技术处于不同的发展阶段，其满足武器装备应用的程度和风险处于不同的等级，就需要对处于不同阶段的技术采取相应的成熟策略和方法。

从基础维度看，基础较弱的引进技术会带来技术发展和装备应用的风险，而基础较强的自主技术会带来技术发展和装备应用的自主可控。

从作用维度看，不同的技术对于装备能力的提升具有不同的程度，相同的技术在不同装备中的应用也具有不同的效果。

从成本维度看，对装备能力提升具有同等效果的不同技术，其研发和实现的难度和风险会有较大的不同，从而带来技术成本的不同。

从使用维度看，不同技术的用户体验会有不同，“好用、实用、管用”的程度不同。

（二）多要素评价

技术素质体现在多个维度上，在每一个维度上会有体现技术素质的不同要素，而每一个素质要素又可以向下分解为多个子要素，再对每一个子要素向下分解，直到分解到最基本的素质要素。这就可以得到技术素质要素的“树”，而“树”上的每一个枝杈就代表了技术素质的一个要素。

如果仅对素质“树”的一部分要素进行评价，会使得评价结果出现偏颇。如果对素质“树”上的所有要素进行评价，会使得评价的过程繁琐而复杂，这就需要对其中的重点和关键要素进行全面的评价。

（三）多定量评价

已经拥有的技术评价方法基本上是采用定性加定量的评价方法。定性的方法容易产生模糊和歧义，从而导致难以决策。而采用简单统计定量的分析方法，评价结果的信度和效度不高。采用建模仿真的数值计算评价方法，则过于复杂，模型难以校核。

因此，在对技术进行综合评价时，需要在定性和定量评价的比重中进一步加大定量评价的成分，在简单统计和复杂仿真的定量分析中取得折中。

（四）多方法评价

对不同的评价要素，采用不同的评价标准和评价模型。

对各级要素的综合评价，按发现、发展、发挥的不同目的运用不同的综合模型和方法。

对不同的技术类型，区分不同的技术特点和模板。

对不同的装备需求，区分不同的技术适配要求。

（五）多代表评价

在测评专家的组成上体现代表性，测评专家应涵盖装备研制单位的专家、同行专家、军方装备论证部门专家和基层部队的装备操作人员、装备机关管理人员等。装备研制单位的专家，既要包括专业技术的专家，还要包括总体技术的专家。

在构建武器装备方案时体现代表性，要选择不同的技术应用于给定的武器装备，同时评价不同的技术对武器装备的贡献率，从而选择出最适配的技术应用于该武器装备的总体方案中。

在评价武器装备方案时体现代表性，要选择出构建武器装备方案的主体技术，对每一个主体技术进行技术评价，再对这些主体技术的评价进行综合，就可以形成对武器装备方案的技术评价。这种评价可用于武器装备的招标、方案优化和选择。

综上所述，技术评价是多维度、多要素、多定量、多手段和多代表的量化分析过程，根据装备技术的多属性特征和装备的多需求特点，以及技术素质与装备需求的匹配一致性，需要从技术成控度（技术成熟度与自主可控度）、技术贡献度、技术承受度、技术普适度和技术体验度五个方面开展装备技术的综合评价。

第三章　技术五维度评价方法

一、概念内涵

（一）技术成控度

1. 技术成控度定义

技术成控度是技术满足预期的装备应用目标和自主可控的程度。它是技术风险大小的度量，决定了一项技术的研究阶段和研发形式，主要包括技术成熟度和自主可控度两个方面。

技术成控度评价是技术工程应用阶段的一个重要环节，技术成控度的高低直接决定了工程研制过程中的技术风险。例如，波音公司非常重视技术成熟度评价，并将技术成熟度评价作为企业技术发展、应用的重要标准。波音公司规定只有技术水平达到 TRL6，才能将其应用于产品工程实现。2003 年，波音公司对高超声速飞行器技术进行了技术成熟度评价，对其关键技术进行分解，分解后再次进行成熟度评价。通过技术成熟度评价，找到了高超声速飞行器技术发展面临的关键问题，并根据评价结果调整预算和技术发展路线，制定了波音高超声速飞行器技术 2004—2009 年发展路线图，有力促进了波音公司高超声速项目的竞争力。相反的例子也不少见，例如，1996 年，美国的 JSF 项目（即后来 F－35 项目）启动并进入方案探索与关键技术开发阶段，并计划 2001 年转入工程研制与制造阶段，但美国空军和审计总署通过 TRL 分析，认为 JSF 的航空电子、飞行系统、制造与生产、推进、保障、武器发射系统等关键技术达不到可以转阶段的 TRL7 水平，因此，建议调整 JSF 采办计划。但美国国防部坚持 2001 年转入工程研制与制造阶段。结果后来项目进展十分不顺利，超重问题一直伴随着整个项目周期，导致了一系列的设计和要求的变化，致使设计审查滞后了16～22个月，并导致经费增加，如图3-1所示。

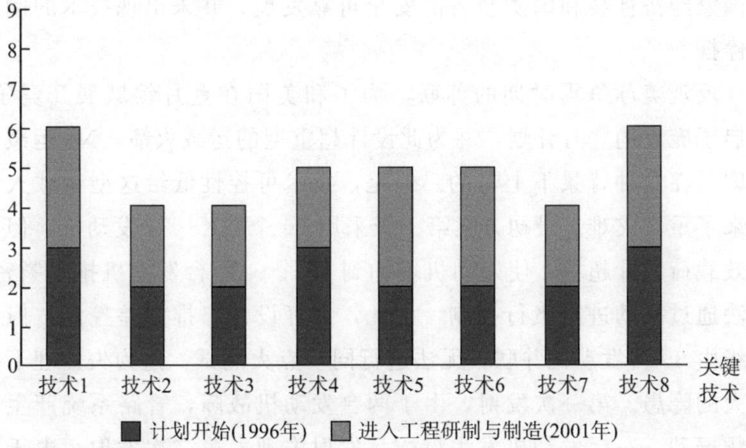

图3-1 JSF项目在1996年和2001年的技术成熟度

在自主可控方面，俄罗斯的网络安全技术可谓独树一帜。俄罗斯是欧洲网民最多的国家，但是俄罗斯的信息技术基础比较薄弱，信息产品的国产化水平不高，这对网络空间安全产生了潜在的影响，总统办公厅、国家杜马等国家核心机构每天均面临大量的黑客攻击威胁。为打破不利局面，俄联邦从网络安全政策、法规、技术等多个方面提升网络安全。在信息技术可控度方面，俄罗斯开展了大量的工作，有效提升了网络安全自主可控能力。技术可控是提升网络空间安全可控的关键，为此，俄罗斯要求政府采购计算机必须配备本国自主研发的处理器、打造自主搜索引擎系统、打造本国金融电子支付系统，从而从需求端减小对可控度差的技术的依赖。同时，俄罗斯十分重视本国信息技术产业的发展，出台多项政策和鼓励措施促进本国信息技术的发展创新，积极开展核心技术研发，在关键领域，特别是军工领域大力开展元器件国产化替代，强力推动开发本国计算机自主操作系统及移动操作系统，同时提高外国投资本国信息技术产业的门槛，从而实现从供给端提升技术的可控性。经过多年的发展，俄罗斯提升技术可控性的努力初见成效，在应对西方国家制裁的过程中，在信息技术和网络安全领域，俄罗斯有效维护了国家经济社会和国防装备的安全可靠发展，并未出现技术的倒退和停摆。

反观美苏争霸时期的苏联，为了和美国在登月领域展开竞争，开启了庞大的登月计划，并为此设计超重型的运载火箭，N1 运载火箭即是在这种背景下上马的。但是，技术可控性低给这型运载火箭带来了重大灾难。最初方案第一级采用 26 个 NK－33 发动机，但是有效载荷设计超重，使发动机增加到 30 个。30 台发动机排列紧密，无法通过摆动进行飞行控制，为此，只好设计出推力差控制，但是一级由 30 台发动机并联，无法进行同步点火测试，这为失败埋下了很大的隐患。第一次发射，由于两台发动机故障，管路系统产生了高频振动，一台发动机发生爆炸，发射失败；第二次发射，由于一枚螺栓被吸入燃料泵导致故障管理系统启动，但是故障管理系统存在设计问题，接连对多台发动机发送关机指令，火箭掉落，炸毁了发射台；第三次发射，制导控制系统出现故障，发射失败；第四次发射，出现了“POGO”振动，虽然十分接近成功，但仍然发射失败；从此该火箭研制终止。在该火箭整个研制过程中，其技术可控度都处于较差的水平，且出现了大量的理论问题（当时并没有被发现），最终导致整个项目的失败。

2. 技术成控度内涵

技术成控度包括技术成熟度和自主可控度两个部分。

技术成熟度评价是国际上广泛使用的一种量化评价方法，主要用于评价重大科技攻关和工程预研项目进行的情况。技术成熟度评价标准制定的依据是技术的物化形式和验证状态，按九级技术成熟度评价准则开展评价。

技术成熟度由物化形式和验证状态两个方面决定。其中，技术的物化形式是指技术发展过程中的实物形态，具体包括原理、概念、部件/功能模块、样机和产品五种形式。验证状态是指技术在什么环境下完成了什么验证试验，具体包括理论验证、实验室环境验证、模拟环境验证、典型使用环境验证、实际使用环境验证五种状态。

自主可控是指将关键元器件、关键原材料和核心研发、生产技术完全掌握在自己手中，不会受制于人，被别人“卡脖子”。若技术可控度差，在武器装备研制生产过程中往往会面临采购成本高、进口渠道不畅等问题，也无法保证所采购技术的质量，存在很大的质量隐患，严重制约武器装备的可持续发展，也会造成装备研发拖期、超支甚至工程失败。武器装备开发过程中，技术自主可控性风险往往以不同形式和程度出现，因而需要开展自主可控度评价来预防、减轻、遏制或者消除不良事件的发生及其产生的影响，确定可控度较差的方向，从而更好地调整资源投入。自主可控度一般要求在方案、需求分析、研制、鉴定、应用验证、采购、应用以及总结等8大阶段分别对风险管控进行贯彻落实，即在识别整体技术可控性风险的基础之上，基于全程风险管控的思想，对每个阶段的可控度进行风险分析，分别确定各个阶段的风险源、风险事件及所属的风险类型，及时消除可控度隐患，从而保障装备的顺利研制生产。

自主可控度包括设计可控度、生产可控度和保障可控度三部分。设计可控度主要从自主、研仿和仿制三个方面描述；生产可控度主要从自装、配装、组装和引进四个方面描述；保障可控度主要从自主、器件、部件和整机四个方面描述。

美国诺斯罗普·格鲁曼公司的飞翼布局飞机设计技术堪称自主可控的典范。飞翼设计实际上是将座舱、发动机和外挂设备舱集中于一对大翅膀里，控制面数量减少，飞行控制系统设计非常困难。在很短的时间内，大多数从事飞翼设计的公司均放弃了对这种技术的研究。但是诺斯罗普·格鲁曼公司数十年如一日地坚持研究，设计出一架又一架的飞翼式布局飞行器，不断在实用化方面前进，引领了飞翼设计的潮流。1989年，飞翼式的B-2轰炸机研制成功，震惊了世界；后来，诺斯罗普·格鲁曼公司又先后研制出飞翼式的X-47，实现了无人机在航母上首次自主着舰；B-21远程打击飞机赢得了美军新一代轰炸机合同。诺斯罗普·格鲁曼公司在飞翼方面的自主研发为公司发展带来了强大的推动力，当其他国家、其他公司还在探索时，它通过自主研发已经实现了飞翼技术的成熟应用。

反观印度，因深受前宗主国英国海洋思想的影响，印度自独立以来一直谋求建立强大的海上力量，建造维克兰特号航母就是印度雄心勃勃的海洋战略的体现。但是，在国产航母发展的过程中，印度始终缺乏自主设计、自主建造基础。在核心技术领域，基本没有自主开发能力，只能向西方国家及俄罗斯采购大量技术，采购过程中，又受到价格、技术转让壁垒等多方面的制约，结果造成子系统周期延误。因缺乏技术集成经验，又造成集成试验周期延误。以上种种原因，使得印度航母建造服役周期一拖再拖，甚至航母多次“下水”，一直处于“难产”状态。

（二）技术贡献度

1. 技术贡献度定义

技术贡献度是技术推动装备能力和体系能力提升，以及促进科技和军民融合发展作出的贡献程度。它是技术作用地位的度量，主要包括装备能力、体系能力和发展能力三个方面。

贡献度大的技术，其贡献不仅体现在对装备能力本身的提升上，同时体现在促进军民融合发展等多个方面。例如，高超声速技术将传统吸气式发动机的理论工作速度范围从4*Ma*拓宽到12*Ma*，将传统复合材料的耐热性提高到2 000 ℃以上，有效支撑了高超声速武器装备的形成，极大提升了飞航导弹的快速精确打击能力，带动空天往返技术的发展，同时，发动机和材料技术也可用于民用产业，对促进军民融合发展具有重要意义。而有些技术虽然在武器装备领域非常重要，但其应用范围相对局限，一般只作为军用。例如隐身技术，目前仅用于武器装备，在民用领域没有很明确的需求。隐身技术可以提升武器装备的突防对抗能力，但对军民融合发展贡献却不大。

2. 技术贡献度内涵

技术贡献度包括装备能力、体系能力和发展能力三个部分。

(1) 装备能力

装备能力是指技术的应用对装备能力的贡献程度，包括信息力、打击力、防护力、机动力、保障力五个方面。

信息力包含信息感知能力、信息传输能力和信息处理能力三个要素。信息力是现代信息化武器系统在体系中发挥重要作用的首要能力，目前军备发展的重要方向之一就是改造老式武器装备，提升其信息感知、传输和处理能力。

21 世纪是网络、信息飞速发展的世纪，局部战争的实践也已经证明，现代战争的形态已从机械化战争向信息化战争转变。信息的获取与应用对武器装备和作战体系效能的发挥产生了越来越大的影响，以信息技术为核心的高新技术对武器装备建设的导向作用非常显著，军事信息技术已经成为各军事强国装备发展的核心领域。

在对利比亚的打击中，信息力在这场信息化战争中发挥了举足轻重的作用。美、英、法等国利用多种信息化手段，以其强大的战场态势感知能力、信息传输和信息处理能力迅速取得良好的打击效果。美国在战前已形成了低、高和大椭圆轨道相配合，多种类型卫星组网，具备持续监视能力的侦察卫星网络，卫星的光学分辨率达到 0.1 米，雷达分辨率达到 0.3 米；而法国成像侦察卫星的光学分辨率也达到 0.5 米。通过成像侦察卫星，联军可提前确定利比亚地面部队与防空火力的部署情况，并能对空袭打击的效果进行评估，便于指挥人员确定作战方案，最高效率地打击敌方有生力量，并在最大程度上减少不必要的损失。美国锁眼-12 和法国太阳神-2B等卫星还具备红外侦察功能，可在黑暗环境下执行成像侦察任务，有效地保证了联军进行全天时作战。卫星在信息传输、信息处理、信息对抗等方面也发挥了重要作用，GPS为联军巡航导弹、飞机等提供了精确导引，通信卫星克服了利比亚干扰源的干扰，保障了通信畅通，天基信息化装备为利比亚战争联军的胜利立下了汗马功劳。

打击力是指装备能够对打击目标进行有效毁伤的能力，主要体现在武器系统的射程、打击精度、毁伤威力、火力密度等方面。武器装备的本质目的是对敌方目标进行有效毁伤，因此增强打击力也是武器装备持之以恒的追求。打击力包含射程、精度、威力和火力密度四个要素。打击力在战争中的重要性日益凸显，如1991年1月17日凌晨多国部队进攻伊拉克的战争一打响，第一波打击就是发射数十枚精度高、突防能力强的战斧巡航导弹，攻击巴格达的总统府、国防部大楼、指挥通信中心等重要战略目标。这是战斧巡航导弹首次应用于实战，表现出惊人的打击力和打击效果，对伊拉克总统府、国防部大楼、通信大楼、防空阵地、机场等目标造成有效毁伤。从此，战斧巡航导弹成为了美军作战行动的急先锋，参加了自此以后历次美军大规模军事作战行动，爆发出强大的打击力。针对不同打击目标，美国发展出不同装备、不同批次的战斧巡航导弹，如战斧核攻击型、战斧对地打击型、战斧布撒器型、战斧反舰型等，大大增强了美军远距离精确打击能力。在当时，战斧巡航导弹相对于传统巡航导弹，具有突破性的进步，它射程远，达1500余千米，弹头质量大，且针对不同目标采用不同弹头，打击精度和毁伤能力等都具有很高水平。战斧巡航导弹完美证明了远程常规巡航导弹是实施第一波打击的有效武器，也是攻击严密设防目标、夺取制空权的利器。

而在越战美国轰炸清化大桥的行动中，由79架美军战机组成的多机种混合编队飞往清化市执行滚雷9-A行动，主要作战目标是炸毁清化大桥。在此之前，美国空军曾多次对清化大桥进行攻击，但都收效甚微。第一个携带小斗犬导弹的 F-105 小队瞄准大桥中部，发射了第一枚小斗犬导弹，命中目标。之后携带导弹的飞机一架接一架向大桥发射了导弹，大多数导弹命中目标，但后来飞行员发现，大桥并没有受到严重破坏。这主要是因为小斗犬导弹的战斗部较小，虽然多次命中，但仍然无法炸毁大桥。轰炸过后美军意识到，小斗犬导弹战斗部仅 122 千克，对大桥造成的毁伤很小。后来美军吸取教训，利用刚研制成功的重型激光制导炸弹对大桥进行轰炸，才最终摧毁了大桥。

防护力是与打击力相对应的能力。即装备在遭受打击时能够依靠自身的坚固特性或采取保护措施后保持原有性能的能力。简单来说，防护力即系统和装备战时的自卫或抗损能力。武器装备需要适应的环境是残酷的，无论平时还是战时，遭到破坏、损伤难以避免，因此强大的防护力是保障系统在战争中发挥作用的重要条件。防护力包含硬防护能力和软防护能力两个要素。

美国 M1A1 主战坦克以其优异的防护能力在海湾战争中大显身手，无论是战场环境适应能力还是战场生存力都非常高，取得了令人意想不到的战果。M1A1 防护力相当出色，在战前，部分坦克已经加装了贫铀装甲，大大提升了抗打击能力。在增强防护力方面，该坦克最令人称道的是它的火控系统和红外成像仪，这种信息设备的使用使得坦克可以先敌发现，先敌射击，降低了自身被攻击概率，同时红外成像仪的安装使得该坦克很擅长夜战，提高了战场适应性，增强了生存能力。M1A1 坦克对环境因素造成的损害的防护力也很出色，它能在多种环境下成功实施快速、复杂的进攻战和防御战，即使在风沙、雨水、油井火灾形成的烟雾等恶劣环境中，几乎也不会出现性能下降的情况，具有良好的全天候和夜间作战能力，其软防护力和硬防护力均达到理想水平。美军战后评价报告指出，M1A1 坦克在目标搜索、火控、火力、机动性和生存力等方面均超过伊拉克参战的坦克。

与 M1A1 坦克出色的防护力相反，英国 45 型导弹驱逐舰是该国海军近几年装备的主力水面战舰，但是，这款耗费巨资打造的“超级战舰”却屡屡出现故障和问题。对环境因素影响的防护力差是该型战舰故障不断的原因之一。2016 年 9 月，英国海军最新锐的 45 型导弹驱逐舰在中东海域频繁发生故障，为此英国议会就这一问题召见了 BAE 系统、罗尔斯·罗伊斯、诺斯罗普·格鲁曼和 GE 公司的代表。针对这一质问，各公司代表表示，根据当初的设计规格，45 型驱逐舰适用于朴茨茅斯基地周边海况，并未想到会在水温较高的中东海域长时、频繁地使用。故障原因主要出在燃气轮机的中冷器上，该中冷器原在北海环境中可充分运转，但是后续进行过设计变更，且没有经过充分的试验。中冷器故障造成燃气轮机停止。发电机不工作，造成舰内失电，只得在海浪中漂流。可见，不同海洋环境下，该型军舰难以适应在高温海水条件下的长期航行，对环境变化的防护力较差，导致故障频发。

机动力是装备随对方情况的变化而随时变化自身行动路线、改变兵力火力布置的能力。衡量导弹武器装备机动力的主要指标是装备的机动过载、机动速度、机动范围等因素。武器装备需要面对快速变化的战场，提高装备机动能力是打赢战争的重要保障。苏联时期的米格-25 是苏联米高扬设计局研制的高空高速截击歼击机，它的研发经费和造价并不昂贵，运用的技术也算不上先进，但它却在飞行速度、飞行高度和爬升时间等方面创下 20 多项世界纪录，多项纪录至今未被打破，被称为系统工程的典范。该型飞机机动力设计极其出色，它主要是为了应对美国当时正在研发的高速轰炸机和高空高速侦察机，因此，该型飞机飞行速度、飞行高度都非常高，曾多次监视、拦截美军 SR-71 黑鸟高空高速侦察机。1971 年第四次中东战争爆发前夕，4 架苏联米格-25 进驻埃及，不时被派往以色列上空实施侦察。一次，以色列空军派出美制 F-4 鬼怪战斗机对其实施拦截。然而米格-25 打开加力燃烧室，快速抛开尾追的鬼怪战斗机。后者情急之下发射响尾蛇空空导弹，企图击落对手，但米格-25 速度相当快，导弹尾追无法接近。以色列的地面雷达站发现，这架米格-25的速度超过3.2Ma。米格-25利用其强大的机动力，在中东战争、东南亚情报侦察等军事行动中，创造了一个又一个奇迹。

保障力是实施装备保障所能达到的程度，是装备保障机构对军队建设、作战和遂行其他军事行动实施装备保障的能力，是部队战斗力的重要组成部分。保障力强的装备，一般便于贮存，无需复杂的运输工具，维修保养简单。保障力强的装备，往往供应简单，管理方便。一般而言，保障力包含贮存、运输、供应、管理和修理五个要素。

能发射多种导弹的垂直发射系统MK41，满足了美国海军以合理的成本加强火力、提高军舰空间利用率、提高导弹维护保养发射可靠性及灵活性和减少人力的要求。为应对反舰导弹饱和攻击，传统的旋转瞄准式发射系统作战反应时间过长，且在贮弹量方面也不能满足应对反舰导弹强大火力的要求。结构简单、发射率高、贮弹量大、可进行全方位进攻和防御发射的导弹垂直发射系统MK41应运而生。该系统由标准模块、装填模块、导弹贮运发射箱和发控台等设备组成，其中贮运发射箱不仅是导弹的贮存、运输和发射装置，而且也是构成燃气排导系统的一部分，是关键设备。在平时运输和贮存期间，它为导弹提供环境保护、装卸保护以及对敌方火力进行防护。目前，美国不但把防空导弹集成进MK41系统，而且把反舰、巡航导弹等也相继集成进MK41中储存、发射。通过该系统的研制，美军大大增强了对战术导弹的维护保养及发射能力，具备了应对饱和攻击的能力。该系统对导弹武器保障性的提高起到了重大作用。

作为反例，航天飞机虽是美国在航天领域的伟大壮举，有力推动了多项航天技术的发展，但是航天飞机也具有高成本、高风险的特点，这是它早早退役的主要原因之一。高成本、高风险的一个体现即保障力较差，需要大量工作对其进行保障。因为每次再入返回均面临严重的气动加热，每架航天飞机返回地面以后，需要耗费大量的资金和人力、物力对其进行检查、维修，所以每两次发射的时间间隔往往很长，一般情况下航天飞机每年仅能进行5～6架次的发射，这大大低于设计指标的50次发射。

(2) 体系能力

体系能力是指技术的应用对装备体系能力的贡献程度，包括发现力、判断力、决策力、行动力四个方面。

发现力即在战场环境下，装备的探测系统发现目标并对其进行锁定、跟踪的能力。装备和体系要发挥出效能，首先要从观察发现能力开始。基于观察，获取相关的外部信息，感知到外部威胁，及时调整系统，做出应对决策，并采取相应行动。当前，武器装备中低可探测性目标逐渐增多，这对装备发现力提出了更高要求。

发现力代表武器装备的视力，在一定程度上可以认为，具有强大的发现力是打赢现代化战争的基础要素，发现力由发现手段、信息冗余和发现能力三个要素组成。美国的天基导弹预警跟踪系统可为弹道导弹防御和反击提供及时有效的预警信息，是美军弹道导弹防御系统的重要组成部分。美国天基导弹预警跟踪系统主要由在役的“国防支援计划”（DSP）星座、正在建设中的“天基红外系统”星座和“空间跟踪与监视系统”（STSS）星座、尚处于技术探索阶段的“天基杀伤评价”（SKA）系统等组成，已初步构建起高低轨相结合、预警探测跟踪与杀伤评价一体的天基预警跟踪系统。

DSP星座经过多次升级，不但能够对远程弹道导弹进行跟踪，还可以发现战术弹道导弹，为海湾战争中爱国者导弹拦截飞毛腿弹道导弹发挥了重大作用。但是，该系统无法跟踪中段导弹，跟踪精度不高，预警时间也较短。为取代“国防支援计划”卫星，美国提出发展天基红外系统，该系统进一步提高了红外扫描频率和灵敏度，发现目标能力相对于DSP星座大大加强。同时，为降低天基红外系统设计风险，美国导弹防御局发展了空间跟踪与监视系统，该系统构建了对弹道导弹全天时、全弹道立体跟踪和探测能力，能够区分真假弹头，能够将跟踪数据传输给指挥控制系统，以引导雷达跟踪目标，并能提供拦截效果评价，该系统参与了美国多次反导试验。

天基杀伤评价系统是美国导弹防御局正在开展的导弹拦截效果评价实验系统，主要用于观测拦截弹是否与目标相撞、相撞位置、毁伤效果等，具有强大的发现力，为是否再次发射拦截提供依据，提高系统的经济性。

在英阿马岛战争中，英国就因对空发现力不足而致使海上舰船遭受沉重打击。阿根廷对战争准备不足，实力较弱，尽管没有取得战争的最终胜利，但是，阿根廷从法国进口的几枚飞鱼导弹却利用英军对空发现能力的不足，成功击沉了英国最新的谢菲尔德号驱逐舰，并击伤、击沉其他多艘运输舰和驱护舰，使得飞鱼反舰导弹名声大噪。

阿根廷两架超级军旗飞机借助乌云的掩护，在另外一架雷达的导引下飞向目标，并发射两枚飞鱼导弹，但此时谢菲尔德号的雷达没有发现目标，因而也没有采用任何防卫措施应对来袭导弹，最终一枚导弹击中谢菲尔德号并爆炸，谢菲尔德号最终沉没，飞鱼导弹取得了令人震惊的战果。后来英国分析认为，英国本有技术和能力应对超级军旗飞机和飞鱼导弹的袭击，但是特遣部队中并没有采用空中预警系统，谢菲尔德号舰载雷达又较为落后，导致对空警戒能力削弱，发现威胁能力降低，最终被击沉。事件发生后，英国紧急增调了空中监视力量进入战区，加强对空发现能力，最终取得了战争胜利。

判断力是体系或装备对来袭或预打击目标属性、战场态势和战场发展趋势的判断能力。发现目标后，需要对目标进行敌我识别，判别目标的真伪、属性、威胁程度等基本元素，以有效应对。同时，也需要对打击效果、战场趋势进行综合判断，以高效地利用资源，达成战争的胜利。

判断力是现代战争中的重要环节之一，网络中心战是美军近年来提出的一种新型战法，它以计算机技术、通信技术和网络技术组成的信息系统为基础，完成战场情报搜集、处理、传输以及目标打击等过程，实现战场各作战单元的信息共享，对战场情况作出正确判断。在此思想指导下，美军利用强大的计算机系统，把分布在广阔区域内的各种传感器、指挥中心和各种作战平台信息进行收集融合，实现对战场态势、武器装备、信息等作战资源的实时掌握，快速准确形成对战场上敌我双方部队的位置、动向和战果的判断，并实时、准确、快速地传送到各级指挥中心，从而使各级指挥员对战场态势有及时全面的感知能力，大大缩短指挥决策的周期，提高了决策的质量和决策的速度。例如，在导弹拦截作战过程中，当敌方导弹发射后，红外预警系统首先捕捉到目标，对其进行识别、跟踪，并将数据发送至指挥中心，分布在各地的雷达对导弹进行精确跟踪，并识别目标真伪，判断其运动轨迹和运动趋势，将拦截指令发送给拦截阵地，拦截阵地接到指令后，启动发射程序，拦截弹发射，在指挥中心和多源信息获取平台的帮助下导向目标。随后信息系统对毁伤效果进行判别，若判别结果为未有效毁伤，则继续启动拦截。可见，信息判断力在美军指挥控制系统高效发挥方面具有举足轻重的作用。

虽然美军现已认识到信息判断力的重要性，然而在科索沃战争中美军却因信息判断力的不足而导致损失。1999 年科索沃战争中，北约为掌握科索沃战争的制电磁权，并将这种制电磁权优势转化为空中优势，动用多颗卫星、多架预警机和电子战飞机对南联盟进行强大的电磁攻势，在实力悬殊的条件下，南联盟军队巧妙采用自然环境伪装（如利用植被伪装）、无源反电子战伪装（如迷彩涂料伪装、热量抑制、深藏等）、有源反电子战伪装（如以假目标设饵诱敌、抛箔条、抛热源）实现以假乱真，使北约电子设备接收虚假信息，产生错误判断和错误行动。在北约的空袭中，南联盟军队的指挥、控制、通信系统只被摧毁 20%左右，通信联络基本保持了畅通，战斗力得到较好的保存。

决策力是武器装备或作战体系为实现某种作战目标，而对未来一定时期内有关活动的方向、内容及方式进行选择或调整的过程，包括决策速度、决策准度和决策风险三个要素。作战体系及武器装备发挥作战效能的过程中，战机往往转瞬即逝，而体系决策的失误往往会造成严重后果，因此决策力在满足决策准确性要求的同时，还必须具有速度快、风险小的特点。

防空导弹武器系统的例子可以很好地说明决策力具有同样的重要性。防空导弹武器系统主要用于拦截来袭目标，实现对己方高价值目标或重要目标的有效保护，同时起到震慑敌人、保护国家和人民安全的作用。防空导弹武器系统乃至整个防空体系的决策速度和准度直接影响一个国家的防御能力。例如，俄罗斯研制并大量装备了C-300防空导弹武器系统，该系统具有高效的射击指挥决策能力，这也使得俄罗斯从值班转战斗的时间不到40秒，从发现目标到导弹出筒时间不超过25秒，高效的发射决策能力和高精度杀伤能力使其成为世界上最为出色的几型防空导弹之一。

事实上，防空导弹武器系统乃至防空体系决策力低下，将会导致一个国家在一场战争中丧失整个制空权，使己方处于被动挨打的境地。二战时，由于没有功能强大的雷达，对敌人的突袭的预警主要依靠人目视或用望远镜进行观察，或者派人带着电台在敌人的机场侦察，发现敌机起飞后，观察敌机的型号、数量和航向，分析判断敌机的作战意图和作战目标，然后通过电台通知当地组织高射机枪和高炮对来袭敌机进行拦截。在这种防御决策体制下，往往由于没有及时发现来袭敌机或侦察人员分析判断错误，导致防御力量未能及时组织而遭到敌方的狂轰乱炸。

行动力即在发现目标，判断目标属性和威胁并作出应对决策后，执行决策，使体系作战目标得以实现的能力。行动力主要包含三个方面，即行动效果、行动效率、行动效益三个方面，良好的行动力是提升系统效能的关键。在海湾战争中美军就展现出惊人的战争运输行动能力。海湾战争中美军共调集了55.4万军队准备参战，为了保障部队的衣、食、住、行、战，美军在五个月左右的时间里从本土和欧洲各军事基地向海湾地区运送了各类物资 770 余万吨，相当于把一个中等城市从美国中西部搬到了中东沙漠。美军强大的交通技术和完善的海空后勤运输体系为这次作战保障提供了高效的行动力。

为了维护其全球战略利益，美国历来十分重视装备的行动力，特别是海空运输力量的发展，明确要求海运船只单艘航速快、单船吨位大、有综合补给能力、自卫能力强、有直升机平台，并建有庞大的高战备水平运输机部队。为完成战争准备，美军建立了本土为核心，各基地为桥梁，战区为前沿，多层配置的物流保障和保养维修技术体系，装备了大量 C－5 战略运输机和 C－130 战术运输机，形成本土到战区一次中转即可到达，装备了十多艘战略预置船和浮动基地船，成体系、成建制地进行运输，大大简化了物资准备环节，提高了行动效率，降低了行动成本。通过这些技术手段，美军执行战场运输的能力显著增强，运输行动力满足了激烈对抗的物资保障需求。

而俄罗斯在车臣战争中因行动力不足而遭受重创。1994 年，俄罗斯联邦决定出兵车臣，以武力铲除与联邦分庭抗礼达三年之久的杜达耶夫分裂政权。这场战争达到了暂时遏制分裂主义的目的，但是俄军作战体系在这场行动中却展现出非常低的行动力。俄军合围车臣首府格罗兹尼后，由于缺乏精确制导武器，不得不动用大量的战略轰炸机轰炸该市机场，由于难以获得高分辨率的车臣“总统府”图像，无法对其直接从空中精确打击，大规模轰炸后仍未造成有效毁伤，缺乏情报收集技术和精确制导技术导致空中行动力效率低，效益也低。在地面行动中，俄军错误估计了车臣抵抗能力，且在巷战中未能根据城市特点对装甲部队战术进行调整，坚守苏联时期制定的已经不符合实际战场条件的作战条令；同时俄军对火力压制技术平台未能正确使用，夜视技术老化，兵员也缺乏训练，久疏战阵，导致俄军在地面行动中部队成建制地损失。负责主攻的第 131 旅，包括旅长在内的 800 多人阵亡，78 人被俘，146 辆装甲车辆只剩下 24 辆。虽然俄军最终调整计划，以小组部队为作战单元增强行动的灵活性，并针对车臣武装惯用火箭筒的特点专门研究出一种“游戏木马”战术，最终攻占了这座城市，但是初始阶段行动力低下已经造成了重大损失。

（3）发展能力

发展能力是指技术对国家、行业、企业发展带动的贡献程度。发展能力即一项技术的采用对研究机构或企业的技术、人才、研发能力、效益等方面的贡献。一项技术的发展，往往不仅会对装备本身产生影响，更会深刻影响研发单位、企业的发展壮大。重大技术革新甚至直接关系到一个国家、一个民族的未来竞争力。

对于企业而言，技术的发展能力对企业的贡献，即通过对技术的不断攻关和发展，使企业在该技术领域取得较大的成绩，并对企业的发展和效益的提升起到推动作用。

隐身技术是通过降低武器的信号特征，使其难以被发现、识别和攻击，它广泛应用于航空航天飞行器、海军舰艇以及军用车辆等武器系统。洛马公司是最早从事隐身技术开发的公司之一，早在 20 世纪 60 年代设计黑鸟高空高速侦察机时，洛马就在设计中融入了隐身设计的理念。在二十年后设计 F－117 战斗机时，洛马将隐身设计作为 F－117 的核心，使其在海湾战争等重大军事行动中发挥出突出作用。洛马不断深化隐身技术的理论和实践，提升隐身设计水平，在后续发展过程中，先后为美国空、海军设计制造了 F－22、F－35 等具有划时代意义的战斗机，以及 LRASM 新一代远程打击巡航导弹。隐身技术在公司诸多产品上生根发芽，推动了洛马公司成为美国国防部最大的军火采购商和世界最大的军火商。

而当年的胶卷相机巨头柯达公司就因忽略了技术发展能力而付出沉重代价。柯达公司的科研工作者是最早发明数码相机技术的。1975 年，柯达研究院的电气工程师史蒂夫萨森研制出第一台无胶卷相机——数码相机，但柯达高层得到这个消息后，要求封锁消息。

他们并非没有认识到数码技术的巨大价值，只是他们沉溺于胶片带来的巨额利润。柯达拒绝发展新技术，他们将本来应该投资发展新技术的资源，投入对传统胶卷行业的收购上，以维护垄断，但数码相机技术飞速发展，佳能和尼康开始崭露头角，当柯达意识到必须转型时，为时已晚，为此柯达付出了沉重的代价，再也无法恢复胶卷时代中首屈一指的地位。

技术对行业的贡献是指在一个行业中，因为某项技术的发展应用，使得该技术在行业里爆发出巨大的发展能力，在推动行业向前发展的同时，行业也应与该技术的发展能力相互促进。

材料是社会发展的物质基础和先导，而新材料则是社会进步的重要里程碑。新材料技术是支撑当今人类文明的现代工业关键技术，一直是世界各国科技发展规划中十分重要的领域，航空航天业与新材料技术相互促进，是技术推动行业发展、行业促进技术发展的典范。新材料特别是复合材料，最主要的应用领域即航空航天领域，目前采用新型复合材料取代传统金属和非金属等常规材料制造结构件已经成为世界飞机制造业的主流趋势，各类功能材料也广泛应用于飞行器设计制造实践中，显著提高了飞机结构的使用寿命，降低了飞机的维护费用，减小了结构质量，实现了更好的热防护、隐身等性能。研究显示，高性能民用飞机、战斗机、运载火箭、高超声速飞行器等，复合材料所占总重量的比例均在逐步提升。

而变后掠翼技术与飞机的发展是极其典型的反例，飞机在不同飞行速度下，最优的气动外形是不同的。在当时，要同时满足飞机对超声速飞行、亚声速巡航和短距起降的要求，最好是让机翼变后掠，用不同的后掠角去适应不同的飞行状态，这就是变后掠翼技术产生的背景。美国、苏联均为此进行了大量的设计试验，也成功开发出了 F-111、F-14、米格-23、图-160、B-1B 等机型，并服役于世界多个国家。但是这项技术的发展能力却很差，变后掠翼由于结构复杂，重量大，导致了诸多问题。为了支持机翼后掠角的可变，机翼必须由可变动机构组成，而枢轴又必须灵活转动，需要大的电机驱动，且会导致固定翼内部必须留出足够的空间容纳缩进的外翼部分。增加了机身重量，降低了机体结构强度，机翼悬挂点减少，负载减小，灵活度降低。随着现代空气动力学及先进飞行控制技术的发展，变后掠翼技术带来的飞行性能的提升变得并不明显，但是对结构强度的削弱问题、超重问题、可靠性维修性差的问题却越发显现。最终，现代高性能战斗机、轰炸机等均已经将该技术淘汰。

技术发展力对国家的意义，即通过某项技术、某件装备或体系的发展建设，对国民经济发展起到巨大的推动引领作用。

阿波罗计划的实施是美国航天史上的一个壮举，它深刻影响了美国，也深刻影响了世界，推动了科技和社会的发展。为了实现登月，美国几乎所有关键的研发机构、生产团体均参与到计划之中，对关键科学和各种边缘交叉学科的兴起与进步，对美国工业技术的发展和大型项目管理经验的验证均起到极大的推动作用，进而在转化为国家未来经济实力和国防实力方面起到了重要的作用。从经济上看，阿波罗计划在当时拉动了美国2%的经济增长，建立和完善了庞大的航天工业和技术体系，相关技术爆发出强劲的发展力，极大地带动和促进了一系列高新技术的快速发展，这些技术反过来又进入其他产业，使美国独占高科技鳌头。从社会效益来看，阿波罗激励了一代又一代人，该计划的成功体现了人类的探索与开拓精神，显示了人类的巨大创造力和能动性，从社会发展和人类进步意义上讲，它将作为20世纪最伟大的工程而载入史册。

然而，日本却因大型战列舰制造技术走向另一个极端，一战中的日德兰海战所展示的战列舰舰队决战争夺制海权的场景，令当时世界上各主要海军强国坚定了对大舰巨炮的崇拜，日本当然也不例外。建造火炮口径更大、装甲更厚、战斗权重更高的战列舰，成为日本海军的追求。二战中，日本又斥巨资打造了大和号、武藏号等排水量巨大的战列舰。但是，战列舰技术的发展力正在枯竭，日本虽然用航母奇袭了珍珠港，但对航母的作用并没有更深刻的认识，潜艇技术也恰在此时开始崛起，但是日本海军并没有重视潜艇的作用。到了太平洋战争后期，因为缺乏有效的空中掩护以及燃料不足，大和号长期趴在锚地内，成为战争的看客，1945 年 4 月 7 日，美军开始对大和号展开攻击。在经过了两个多小时的负隅顽抗后，曾经被视为日本海军的骄傲的大和号战列舰彻底葬入大海深处。日本的失败除了缘于发动战争的非正义外，也表明一个国家将资源大量投入没有发展力的技术，注定会为此付出代价。

（三）技术承受度

1. 技术承受度定义

技术承受度是指满足预期目标的情况下，衡量技术物化为装备、转化为使用的代价。它是技术获取和使用代价的度量，主要包括研制采购承受度和使用保障承受度两个方面。

承受度高的技术，其研制和使用相关费用普遍都较低，例如美国巡航导弹采用了通用化、模块化设计技术。通用化设计方案实现了三军通用，极大降低了研制、生产和保障的成本。模块化设计有力支撑了后续小投入就能快速形成改进型和发展型的模式，为导弹系列化发展并快速形成战斗力提供了有效支撑。

而有些技术在提升装备能力的同时，其研制或使用的相关成本很高，例如战斧巡航导弹景象匹配技术，其数据保障难度很大，不仅保障图获取困难、制作基准图成本很高，而且需要根据季节变化和战场自然环境变化实时更新，难以实时打击，需要战前规划，周期代价较高。

2. 技术承受度内涵

技术承受度包括研制采购承受度和使用保障承受度两部分。

研制采购承受度是指技术物化为装备过程中所需要的费用、周期和条件，主要体现在研发、生产和试验条件建设上，包括基本型、发展型、改进型、移植型和全新建设、局部改造、现有条件，共两大类七个方面。

在爱国者防空导弹武器装备系列发展过程中，其关键技术在物化为装备时，充分利用已有成果，在研制过程中大幅降低了成本。爱国者导弹是美国雷声公司研发的机动式地空导弹武器系统，广泛装备于美国及其盟国军队，我国台湾地区也有装备。它发展于20世纪60年代，在半个多世纪的发展历程中，该导弹不断在老装备上添加新功能，是武器装备系列化发展的典范。海湾战争后，针对战时发现的拦截弹导引头追踪精度不足、对目标的毁伤能力差、软件可靠性不佳等问题，雷声公司优化了导引头和战斗部，改进了软件系统，推出爱国者制导增强型，并于1996年服役，增强了对巡航导弹等目标的打击能力。

在PAC-1和PAC-2基础上，雷声公司又推出爱国者PAC-3，主要改进了爱国者PAC-2的弹体和信息处理能力，提高了系统的兼容性和搜索跟踪能力，在PAC-3第三阶段，采用了洛马公司研制的全新弹体，进一步改进导引头，使之具备直接碰撞杀伤能力。爱国者系列防空导弹采用系列化发展的方式，在老的装备基础上不断改进优化，大大提高了研发效率，节省了研发批产成本，广泛装备世界多个国家和地区，在美国多次军事行动中均发挥了良好的效果。

与之相反，F-14战斗机是美国诺斯罗普·格鲁曼公司设计的一型双座双发超声速舰载战斗机，主要担负舰队防御、截击、打击和侦察等任务。该型飞机采用了当时流行的变后掠翼设计，为减小飞机重量，不得不大量采用钛合金、复合材料等作为机体材料，加大了飞机研制和批产的成本。为使变后掠翼翼套处平滑过渡，诺斯罗普·格鲁曼公司采用了复杂的密封件，为使机翼转动快速平稳，配备了大功率转动驱动电机，大大提高了维修保养的难度，其保养维护成本明显高于美军其他三代机；同时，该机所配备发动机存在可靠性差、维护性差、推力不足的问题。随着先进航电技术、飞行控制技术及动力技术的发展，该机型已经难以通过对子系统的改进达到提高战斗力的目的，加上高昂的采购价格，最终使该飞机于

2006 年全部退出美军现役。

使用保障承受度是指技术从开始物化为装备到装备退役或完成作战使命全过程中所需的费用和条件，体现在保障类型和保障条件的类型上，包括支援保障、自主保障、免保障和专用、通用、民用，共两类六个方面。

在使用保障成本控制方面，美国 C－17 运输机表现抢眼。C－17 运输机是美国空军的大型战略战术运输机，融合战略和战术空运能力于一身，既可以承担战略运输任务、快速将部队部署到主要军事基地，必要时还可胜任战术运输和空投任务。这种固有的灵活性使美军极大提高了全球空运调动部队的能力。C－17 运输机使用维护简单，可靠性、维修性均良好。

C－17 研制时，团队就非常强调可靠性与维修性，贯彻了全寿命周期经济性的设计理念，最大限度地减小对保障条件的要求，减轻后勤保障压力，在普通前线机场即可完成起降和基本保障工作；该飞机采用运输机维修管理系统（G081）来支持部队的维修保障工作，该系统通过对各种维修过程和活动进行管理和记录，使部队维修管理人员能跟踪每架飞机，并确定所需要的维修工作，该系统还能够令维修保养部队可以获得每架飞机的位置和状态，从而做到精准保障。基于这些设计，C－17 运输机使用保障性能良好，能够高效完成美军全球快速到达的任务要求。

而苏联的萨姆－6 防空导弹却因使用保障度低而饱受诟病。萨姆－6 是 20 世纪 60 年代苏联开发的一款机动式全天候中近程、中低空防空导弹武器系统，曾在战斗中取得过不错的战绩。但该型导弹系统使用保障相当复杂，特别是制导系统技术不是很先进，采用了大量电子管，体积大、耗电多、维修不便、操作自动化程度低，系统未采用数字计算机，作战控制全靠操作手人工控制，使用维护相当不便，且可靠性较低。最终导致在贝卡谷地战争中，叙利亚的萨姆－6 防空导弹阵地来不及发挥作用就被袭击摧毁，造成巨大的失败。

（四）技术普适度

1. 技术普适度定义

技术普适度是指同一种技术在同一类装备或不同类装备上应用的普及程度，以及在跨代装备上的适用程度。它是技术生命力和适应力的度量，主要包括时、空两个维度的普适度。

普适度高的技术不仅在某一时期普遍运用于各种装备，而且具有很强的生命力，可继续在多代装备上应用。例如，CFD技术既用于飞机类装备气动计算，又应用于导弹的气动计算，不仅在第二代导弹、第三代导弹中得到应用，而且在第四代导弹，甚至未来导弹中也将继续应用。

普适度低的技术则是昙花一现，例如CAMAC技术，20世纪90年代应用于我国反舰导弹测试设备中，但很快被VX2技术取代，技术生命周期仅仅十年，而且CAMAC技术的应用导致导弹测试设备更新成本很高。

2. 技术普适度内涵

技术普适度包括空间普适度和时间普适度两部分。

空间普适度是指技术在不同类装备的适用程度，包括装备系列通用、型谱系列通用、行业系列通用和国防系列通用。装备系列通用，是指技术符合装备标准，适用于某一装备系列。

1553B总线是普适度高的典型技术。1553B总线是美国军方专为飞机上设备制定的一种信息传输总线标准，也就是设备间传输的协议。每个国家根据本国的情况，可以参考美国的标准制定自己的总线协议。而相关的公司又根据不同的协议标准开发相应的总线接口模块。它取代了在传感器、计算机、指示器和其他飞机设备间传输数据的庞大设备，大大减小了飞机重量，并且使用简单、灵活。该标准作为美国国防部武器系统集成和标准化管理的基础之一，广泛用于飞机综合航电系统、外挂物管理与集成系统，并逐步扩展到飞行控制等系统及其他领域，在客机、作战飞机、导弹、运载火箭、军舰、装甲车等装备上都有应用。

1553B总线技术目前已经成为一种国际标准，我国于1987年颁布了相应的军标。该技术虽然是三、四十年前提出的，但由于其强大的抗干扰能力及较快的传输速度，应用非常普遍，具有较强的普适性，达到了一网盖全军的能力。

若一项技术的普适度差，则该技术不能被广泛应用。例如，坦克装甲技术，它属于非通用技术，最典型的应用是用于坦克、舰船、装甲车辆，通常除了这几类特殊目标，很难再找到其他用途。再例如，隐身涂料技术，通常仅用于先进战斗机和轰炸机；超机动控制技术，通常仅仅用于高性能战斗机；水下发射技术，通常仅仅用于潜艇。

强大的时间普适性是某技术长盛不衰，广泛应用的根本。例如，飞机的大气传感器（风标），是获得飞机外部大气参数的重要测量仪器，得到的参数包括温度、湿度、迎角、总压、总温等。风标工作原理相当简单，以利用风标测量攻角为例，当攻角为零时，风标与气流方向平行，风标两面所受空气动力相等，风标不会转动；当飞机以某一攻角飞行时，风标两面的空气动力不等，产生压力差，使得风标发生偏转。风标带动转轴转动的角度，可用电位器或同步器等各种角度变换器变换成相应的电信号，从而实现攻角测量。风标攻角传感器结构简单、可靠性强，且对攻角的变化更为敏感，特别是在低速飞行条件下，攻角测量精度很高。该项简单的技术，在航空航天领域展现了强大的生命力，在第二代、第三代、第四代战斗机、各类运输机、导弹等方面均有应用，展现了强大的时间普适性。

而时间普适度差的技术不但应用价值低，而且会限制装备的发展，最终被彻底废弃。例如，核反导技术，第二次世界大战之后，美、苏两国开始发展自己的弹道导弹技术。随着两国核武器研制的成功，弹道导弹技术趋于可靠、成熟，两国为保卫国家免受核打击，相继推进反导系统建设。但当时的电子技术、制导精度、雷达及卫星跟踪能力尚不足以满足近炸或直接碰撞摧毁的要求。苏联首先设计了 A－35“橡皮套鞋”反导系统，利用运载火箭搭载核弹头将来袭的核弹头摧毁，用以保卫首都。与此同时，美国贝尔实验室的耐克团队验证了“以核反导”的可能性，并开发出“卫兵”反导系统，用于保护“民兵”导弹的发射井。早期尚可实现“伤敌一千，自损八百”，但随着战略导弹多弹头技术、弹头抗核加固技术的发展，“以核反导”越来越难以应对，可能出现并未摧毁来袭导弹就自行核爆的隐患，该技术变得越来越没有应用价值，最终被彻底废弃。

（五）技术体验度

1. 技术体验度定义

技术体验度是装备使用者在维修、保障和使用装备过程中的感受和满意程度。它是技术简便、皮实的度量，主要包括好用性和实用性两个方面。

采用体验度高的技术，装备使用简便、管理简单、维护方便，比如 S－300 防空导弹的免测试技术，装发射车之前导弹不需要做任何测试，筒弹可以 10 年免维修，这为装备维修使用人员带来了很好的操作体验。而有些技术的采用使得装备维修/保养和作战保障都非常费时费力。例如，隐身材料技术，该技术在隐身飞机上应用极大提升了飞机隐身性能和战场的生存能力，但飞机每次完成飞行任务后，都要进行复杂的检查维修和保养。

2. 技术体验度内涵

技术体验度可分解为好用性和实用性两个三级指标。

好用性是指装备是否使用简便、管理简单、维护方便，它是装备人机交互能力的体现，具体包括易操作、易管理、易维修三个评价要素。

易操作包括操作简单、界面友好和环境舒适三个要素，易操作能够给使用者最直接的用户体验。比如美军密集阵近防系统，是美国海军为解决军舰近程防空问题专门设计制造的六管20毫米口径自动旋转式火炮系统，是美国海军舰只的最后屏障，它能有效地打击从其他防空系统漏掉的反舰导弹。密集阵同时也是一种极易操作的武器系统，它反应快速，通用性好，能自动搜索、探测、评价、跟踪和攻击目标，采用搜索雷达、跟踪雷达和火炮三位一体的结构，其全部作战功能由高速计算机控制自动完成，可根据来袭导弹飞行轨迹自动校正射击参数，不需人工操作，大大降低了人为因素造成敌方反舰导弹突防的可能性。密集阵采用了模块化设计，除了炮位控制台与遥控台在舱外，其他设备都以模块形式装配在炮架上，体积小、重量小，如果作战时零部件损坏，现场通过简单操作即可更换，具有良好的易操作性。该系统因为易操作、高可靠，广泛装备于美军舰艇。世界其他各国也纷纷借鉴这种思路，引进或自行设计了类似的系统。

技术转化为装备的易操作性不好，则会增加操作难度或复杂度，导致技术实用性不高。例如，液体燃料弹道导弹，最早的导弹武器采用液体燃料，几乎所有国家的早期弹道导弹都使用液体燃料。液体火箭发动机相对于固体具有诸多优势，比冲更大，推力也容易做得更大，且可调，但液体燃料弹道导弹的易管理性却较差。液体火箭发动机结构复杂，组件多，可靠性相对较低，发射前检查项目比较多，而相对来说，固体火箭发动机基本不需要检查即可发射。且一般液体燃料难以长期贮存，因此必须与弹体分开保管，大大增加了操作难度。从发射角度看，液体导弹发射前必须经过加注、补气、测压等环节，需要大量的准备工作以及大量的地面辅助设备。

易管理包括管理环节少、管理要素融、管理信息通和管理要求低四个要素。集装化技术的应用极大提高了武器弹药管理效率，弹药是决定战争胜负的关键性物资之一，弹药集装模式是提高弹药保障能力的重要途径，已成为各国军队关注的焦点。美军时刻致力于弹药的集装和快速保障模式研究，以集合化包装为基础，建立了海运、空运、陆运相结合、系统配套的立体化供应保障模式，目前使用四级供应体制和四个层次的弹药配置，弹药补给所配置分散、靠前，能够实现快速、灵活的保障。采取预先成套包装、战斗部组合装载和集装箱等不同的弹药包装形式，进一步降低管理要素，提高快速保障能力。

美军把托盘包装技术引入弹药包装中，此后不断进行完善和改进，至今，已全部实现了通用弹药的托盘化和集装箱化，其运往欧洲的弹药80%都采用了军用集装箱运输，使集装箱弹药能够供应到弹药补给所，托盘弹药直接送到作战分队。通过集装化，美国大大增强了对武器弹药从生产到使用全流程管理能力。

若某一技术不能满足装备管理环节少、管理要素融、管理信息通和管理要求低等要素，则会造成众多失误和管理失效。例如，英国的谢菲尔德号驱逐舰，在马岛战争中被击沉，其作战管理系统易管理性差是被击沉的主要原因之一。该舰舰载雷达原本能够探测到来袭的超级军旗战斗机，但由于该舰电磁信号管理复杂，电磁兼容性差，当时正在与另外一艘军舰进行文件传输，雷达被关闭，导致没有发现来袭的超级军旗战斗机。而附近的一艘军舰格拉斯哥号发现了正在迅速接近的超级军旗战斗机，但由于谢菲尔德号作战管理系统的易管理性差和管理人员的疏忽，谢菲尔德号作战室的主要作战军官未能作出反应。当看到来袭导弹时，舰载信息管理系统未能触发干扰装置工作，舰载自卫装置及甲板舰员也没有向全舰发出警告。最终，由于众多的失误和管理失效，谢菲尔德号遭受打击而沉没。

易维修包括健康管理和更换便捷两个要素。易维修对装备整体能力的提升具有重要意义，而自动化和智能化是提升易维修性的重要途径。比如，智能化技术大幅提升了美海军舰载机的维修性，舰载机是航母的主要作战武器。做好航母舰载机装备维修工作，对于确保舰载机训练作战安全顺利、保持和提高航母战斗力具有重要意义。美国海军航母编队通过智能化技术应用，大大提升了舰载机维修性。美军通过自动识别技术，全程控制航母舰载机装备物资、器材、设备的动态情况，准确及时获取资产状态信息，整个保障过程实现了储备、配送及保障的“全资可视”。同时，为每架舰载机均配备了数字化“工具箱”，士兵们可用来随时对装备进行检测、维护和抢修，使装备修复率大大提高。未来，美海军计划发展更为先进的阻拦装置和基于人工智能的舰载机着舰技术，以提高舰载机保障装备的效率。

易维修性决定着武器装备庞大复杂的维修保养工作，若技术易维修性不达标，则会产生极大的维护保养费用。例如，隐身飞机的维修问题一直是其发展的一个难题。为达到隐身的目的，首先，隐身飞机的设计尽可能减少口盖的数目，飞机上所有设备的维修只能通过口盖进行；由于飞机采用雷达吸波材料隐身，就必须在飞机外表面进行喷涂，并且，在设计中规定了低可探测特性表面和材料的最小允许缺陷数，为此，维修人员开发了发现缺陷及修理缺陷的方法和操作程序，但是，所需的维修时间大大增加，为了维修大部分航空电子设备，必须刮掉检查口盖所覆盖的雷达吸波材料，并在维修完成后再涂上这种材料，这一过程需要耗费大量的时间和资源。B-2 隐身轰炸机每飞行 1 小时要维护 20～100 工时，美军部署在关岛的 2 架 B-2 需要 170 吨维护装备和 197 名技术人员，需要专门的机库，无法灵活转场。庞大复杂的维修保养工作也致使该机维护保养费用很高，每年达数亿美元。

实用性是技术简便、皮实的度量，具体包括高可靠、长寿命、强适应、多任务四个评价要素。实用性强的武器装备技术会带来装备的多任务、强适应等能力。例如，美国为应对未来不断发展的空中威胁而正在研制的标准-6 导弹，是当前世界上唯一一种集防空、反舰、弹道导弹末端防御功能于一体的导弹，具有强大的多任务能力。导弹总体上沿用了标准系列导弹的设计外形和成熟的硬件部分，充分利用了标准导弹弹体和推进系统等现有技术。该型导弹与其他信息和作战平台具有较强的协同作战能力，采用先进自检测软件，降低了全寿命周期成本。标准-6导弹引用了AMRAAM导弹的先进嵌入式自检测系统，并且对该系统进行了升级改进，可以密切监视导弹自身的状况，使其只需要每10～15年检测一次就可保持基本的完好率，具有高可靠性。

相反，采用实用性低的装备技术，则会造成装备处于“不好用”状态。例如，俄罗斯的库兹涅佐夫号航母，由于可靠性等方面的问题，严重制约了航母战斗力生成，始终没有达到“好用”的状态。该航母动力系统不可靠，导致该航母动力系统输出功率较小，航速较慢。作为航母的标志性配备，库兹涅佐夫号航母的舰载机因受维护条件差、使用成本高等不利因素影响，执行远洋任务时通常只搭载12架苏-33，数量远小于美国同类航母。另外，由于助降系统的老化和机械故障，舰载机起降可靠性问题也严重，空中打击能力一直难以得到有效发挥，导致在打击叙利亚恐怖分子行动中，先后两架舰载机在降落时坠毁。

二、评价要素

评价要素是指开展技术评价的具体对象、内容和范围。

（一）技术可用度概念

技术可用度是技术成控度、技术贡献度、技术承受度、技术普适度和技术体验度的综合度量和表征，是区别卓越技术与一般技术的分水岭，是体现装备需求与技术素质匹配程度的重要标志，是进行技术决策和咨询的最基本的评判标准。

技术可用度高，代表着技术五维度相对均衡或长板多。技术可用度低，意味着技术五维度相对较低或短板明显。对于相同的技术可用度，五个维度的技术分布有多种组合，不同的组合代表不同的技术类型、特点和适配范围。

通过对组成武器装备总体方案的多个技术的技术可用度进行综合评价，可以将技术可用度转化为方案可用度。

（二）选取原则

评价要素的选取是评价工作最关键的部分，通常情况下选取评价要素主要依据经验和直觉，但这种设置评价要素的方式往往会给评价工作带来很大的风险。在实际评价过程中，应遵循如下原则进行评价要素的选取和构建。

1. 抓住关键要素

技术评价涉及多个维度、不同需求，因此，技术五维度评价要素选取时不可能也没有必要面面俱到，选取其中对五个维度影响最大的特征作为评价要素，对技术的关键特征进行量化评价。

2. 要素相互独立

立足五维度评价体系的架构和内涵，选取的评价要素在同一层次上应相互独立，没有交叉，同一评价内容尽可能不出现在两个不同的评价要素中。若两个要素的评价内容在语义上存在一定的交叉，则需要对这两个评价要素的内涵和外延进行清晰的界定。

3. 概念定义明确

每一个评价要素都必须有明确的定义，要清晰界定其内涵与外延，并给予清楚准确的表述，使技术评价者和使用者都明确其含义。

4. 可操作性强

在评价要素选取过程中，有些要素虽然有一定的评价价值，但很难采取定性或定量的手段进行识别或量化，对于这样的评价要素应予以筛除，选取的评价要素应可识别、可比较、可量化。

（三）选取方法

1. 需求因素分析法

需求因素分析法可运用以下两种方法：一是通过对武器装备的

使命任务、战技指标的解读，梳理推导出该武器装备所采用的技术必须具备的素质、能力和特征；二是通过对武器装备使用剖面的分析，确立所采用技术的素质能力。

2. 关键行为事件法

关键行为事件法是目前评测素质构建中使用的最为普遍的一种方法。它主要通过收集武器装备所采用的技术在装备使用的寿命周期内所有的成功和不成功事件，挖掘出影响武器装备能力的技术素质。

3. 问卷调查法

问卷调查法也称“上面调查法”或“填表法”，是用书面形式间接搜集研究材料的一种调查手段。通过向调查者发出简明扼要的征询单（表），请其填写对有关问题的意见和建议来间接获取材料和信息。

4. 内外部专家咨询法

内外部专家咨询法包括个别专家访谈法、头脑风暴法、德尔菲法等。个别专家访谈法通过对专业领域权威专家进行走访，根据专家意见和建议梳理评价要素。头脑风暴法是由评价小组人员在正常工作和不受任何制约的气氛中以会议形式进行讨论、座谈，打破常规，积极思考、畅所欲言，充分发表看法的一种方法。德尔菲法以一系列的问卷向各类专家征询意见，依据所有专家对问卷的答复拟定下一份问卷，再次向各类专家征求意见，直到大多数专家的意见、看法趋于一致才下结论。

5. 要素分解法

要素分解法是一种定性评价方法，根据评价要素选取应考虑的各种因素，凭借分析人员的知识和经验，集体研究确定选取对象的方法。

三、评价标准

评价标准是对评价要素进行打分的量化标准和指标。

（一）量词式标准

这种标准是带有一定程度差异的形容词、副词、名词修饰的词组，刻画与揭示有关评价标识状态、水平变化的分布形式，见表 3－1 和表 3－2。

表 3－1　量词式描述方法一

		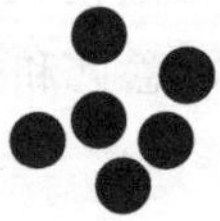	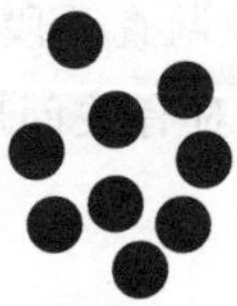	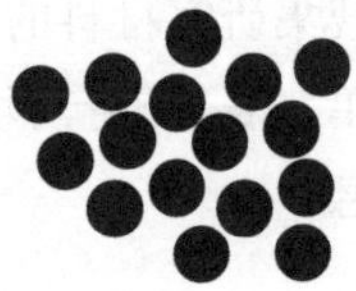
很少	较少	一般	较多	很多

表 3－2　量词式描述方法二

显著降低	降低	持平	提升	跃升

（二）等级式标准

这种标准是用一些等级顺序明确的字词、字母或数字揭示评价标识状态、水平变化等的刻度形式，等级一般不超过 9 个，如优、良、中、差；优、良、中、可、差。

（三）数量式标准

这种标准是以分数来揭示评价标识水平变化的一种标度，它有离散点标准与连续区间式标准两种。

1. 离散点标准

用离散点标准标示出间隔，用来计量评价结果，如图 3-2 和表 3-3 所示。

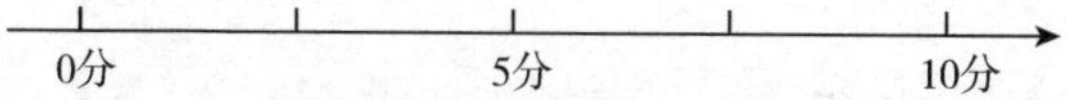

图 3-2　离散点标准示意

表 3-3　离散点标准

评价要素	评价标识	评价标准
能力	1. 降低 2. 持平 3. 提升	0 分 5 分 10 分

2. 连续区间式标准

用区间段标出间隔，用来计量评价结果的范围，见表 3-4。

表 3-4　连续区间式标准

评价要素	评价标准		
能力	0～4 分	4～7	7～10
	降低	持平	提升

（四）定义式标准

这种标准用许多字词规定各个标度的范围与级别差异，实质上属于说明性标度，见表 3-5。

表 3-5　定义式标准

评价要素		定义			评价结果
序号	要素描述	A	B	C	
1	易操作	需要借助专用工具,操作过程复杂	需要借助通用工具,操作一般	不需要借助工具,操作简单	
2	界面友好	显示区域分配不合理	界面设计基本合理	界面友好,易于人机交互	

四、组织流程

（一）评价组织

1. 阶段划分

技术五维度评价工作主要包括启动阶段、评价阶段和总结阶段。

启动阶段的工作内容包括制定评价方案并组织培训宣贯。领导小组负责组织培训宣贯，评价支撑工作组具体承担对技术五维度评价单位有关人员构成的评价专家组进行评价方法培训，并就关键技术和评价专家的选择进行研讨，以达成共识。

领导小组负责向五维度评价承担单位下达评价任务并成立评价专家组，承担单位负责组织成立评价工作组。评价工作组依据评价任务要求，制定评价工作计划，并抄送评价支撑工作组，评价支撑工作组汇总各项目的评价工作计划后上报领导小组审定。

整个评价工作流程及工作之间的逻辑关系如图 3-3 所示。

评价工作完成后，一方面上报领导小组审查，另一方面，五维度评价工作承担单位依据评价结果对参评技术进行优选，支持装备技术方案的优化设计、装备改型或装备技术发展等。

2. 工作步骤

第一步明确评价任务，评价领导小组制定评价任务，明确评价对象、评价目的和评价内容，形成评价方案下发到评价工作组。

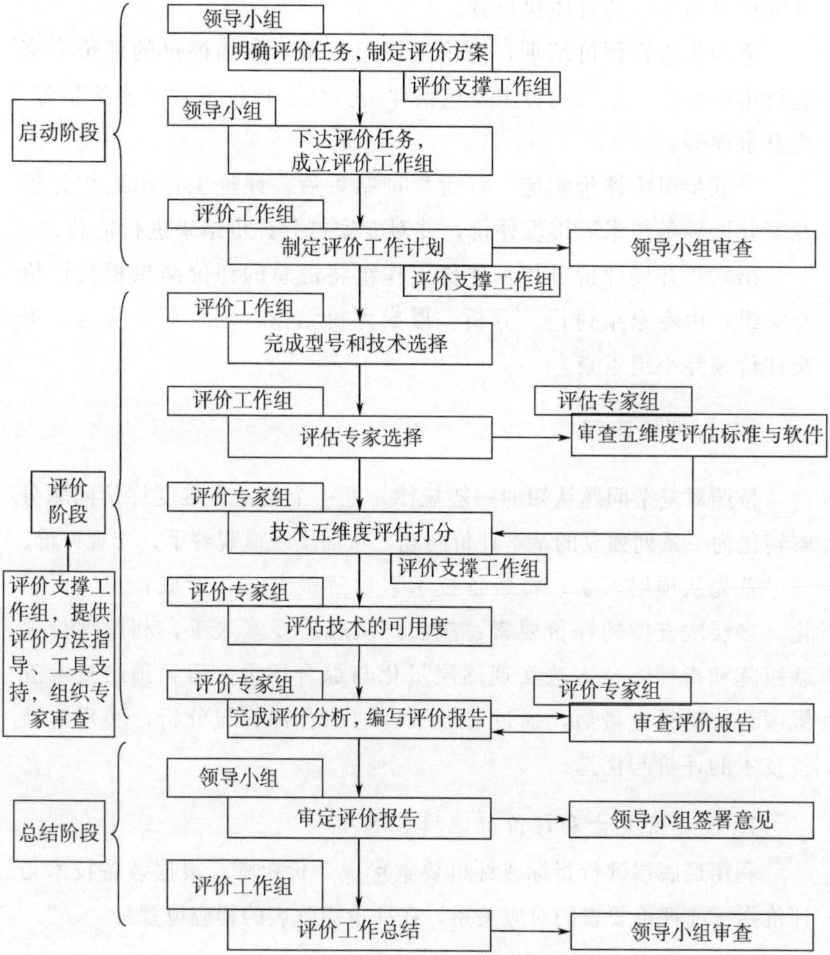

图 3－3　技术五维度评价组织流程

第二步提出评价要求，评价工作组成员充分研讨，理解评价方案，根据评价目的和评价对象，制定评价工作计划，提出评价工作要求，具体包括评价工作的组织形式、技术和评价专家的选取原则等。

第三步选择评价专家，根据评价的目的和评价对象的具体特性和所属领域，选择合适的评价专家，形成评价专家组，作为技术五维度评价与分析的具体执行者。

第四步进行评价培训，评价支撑组成员对参加评价的评价专家进行集中培训，培训内容主要包括评价方法、评价流程、实施步骤、注意事项等。

第五步组织评价实施，评价培训结束后，评价工作组组织评价专家开展装备技术五维度评价，并对专家打分评价结果进行汇总。

第六步开展评价分析，评价工作组将汇总的评价结果提交评价专家组，由专家组讨论、分析，形成评价结论，编写评价报告，提交评价领导小组审查。

（二）评价流程

按照对复杂问题认知的一般规律，把一个技术多维度评价问题分解转化为一系列独立的基本评价问题，从而实现微观着手，宏观评价。

首先从顶层入手，将装备技术素质逐级分解，形成稳定、可量化、多层次支撑的评价要素；然后，从底层要素入手，利用评价关联矩阵和指标综合方法实现逐层量化与综合评价，得到顶层技术五维度评价结果；最后，通过对五维度的综合评价与分析，实现对装备技术的评价与优选。

1. 按评价要素和评价标准填表选项

利用最底层评价指标或评价要素形成评价矩阵，根据装备技术与评价指标或评价要素的对应关系，在评价矩阵表的相应位置打“√”。

2. 按填表选项归一量化要素指标

对于相互关联的评价要素形成的评价矩阵，根据“√”的位置确定评价矩阵对应的评价要素的等级，归一化得到其评价值。

对于独立评价要素形成的评价矩阵，根据矩阵中每一行“√”的位置，确定该行对应评价要素的评价值，所有评价值求和归一化得到评价矩阵对应的评价指标或要素的值。

3. 按要素指标归集维度指标

根据由评价矩阵量化得到的评价指标或评价要素值，利用“短板法”向上综合得到上级评价指标或要素的值；通过逐级向上综合，最后得到五个维度的评价值。

4. 按维度指标综合可用度等级

根据五个维度指标值，利用综合方法得到五个维度的综合评价值，最后映射成 1～9 级，即技术可用度等级。

在技术和装备研发与应用过程中，应按照有关流程和制度的规定，将技术五维度评价与计划审查、装备论证、方案审查、结果评定等工作有机结合起来，统筹兼顾、取长补短，使评价和评估工作更加全面严格、扎实可靠。

五、评价方法

（一）要素分解法

要素分解法是根据装备技术五维度的基本概念，采用“自上而下逐级分解”的方式实现多层要素体系构建，进而进行评价的方法。最顶层为技术可用度，为一级要素。第二层是技术的五个维度，为二级要素。第三层是支撑五个维度的三级要素。第四、第五层为底层要素，其中，94 个底层评价要素是进行五维度评价分析的起点。五级评价要素相互支撑、层层关联形成了完整的要素体系，如图 3 - 4 所示。

（二）关联法

将评价要素直接分解为两组相互关联的下一级评价要素，形成关联矩阵，利用关联矩阵直接得到评价要素的评价结果。例如，技术成熟度评价，其量化矩阵如表 3 - 6 所示，技术成熟度等级与评价标准对应，如“6 级”对应评价分值为 6。

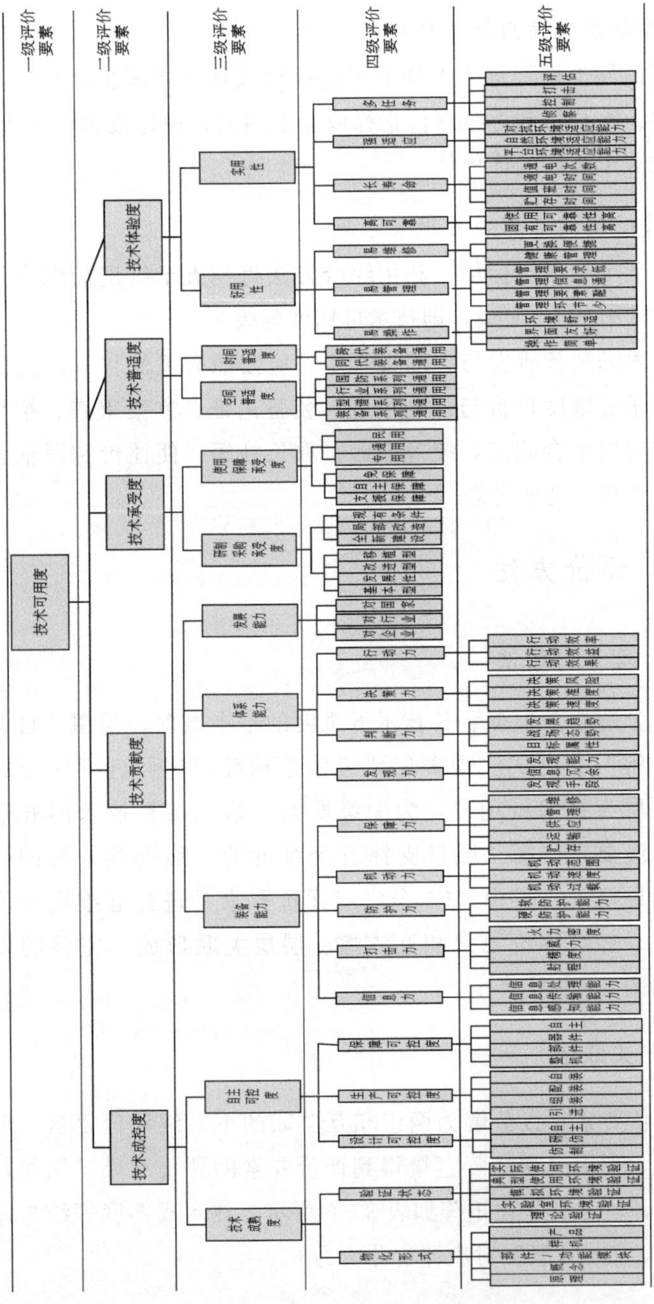

图 3-4　技术五维度评价要素体系

表 3-6　技术成熟度量化矩阵

评价要素	技术物化形式					
验证状态	评价要素	原理	概念	部件/功能模块	样机	产品
	理论验证	√(1级)	√(2级)			
	实验室环境验证		√(3级)	√(4级)		
	模拟环境			√(5级)		
	典型使用环境验证			√(6级)	√(7级)	√(8级)
	实际使用环境验证					√(9级)

(三) 累加法

累加法是将多个相互独立要素的评价值相加得到其上一级要素的评价值。例如，技术贡献度中“装备能力”下的“信息力”，由信息感知能力、信息传输能力、信息处理能力三个能力评价值相加得到，计算公式如下

$$a_{211} = \sum_{i=1}^{m} j_i \tag{3-1}$$

式中，$j_i = 1, 2, 3, 4, 5$，分别对应“显著降低、降低、持平、提升、跃升”，$m = 3$ 是评价要素的个数，即评价矩阵的行数。

多任务 a_{521} 是又一种形式的累加计算方法，其计算方法如下

$$a_{521} = q \times 1 \tag{3-2}$$

式中，q 表示“√”的数量，即技术应用后装备实际承担的任务数量，每项任务对应评价分值为 1。

(四) 逐级评价法

采用边长法对底层要素评价值向上逐级综合，形成五个维度的评价值。首先，针对分级量化评价准则，由专家对四级要素进行打分，并采用线性归一化的方法将打分结果变换到 0～1 之间。然后，

采用边长法将四级要素分值综合到三级要素，再将三级要素综合到二级要素，即五个维度。

（五）五维度综合法

1. 边长法

边长法是通过求几何平均数对五维度进行综合评价的方法。$a\times b\times c\times d\times e$ 相当于5维空间大小，则几何平均数 $\sqrt[5]{abcde}$ 对每个边长都有较高的要求，只要有一个为0，则整体为0。据此，我们提出“边长法”，即以 $\sqrt[5]{abcde}$ 来对五维度值进行综合评价。按照从0到1等分依次分为9个，分数越高等级越高，如表3-7所示。

表3-7 边长法评价等级划分

边长值范围	评价等级
[0.88,1]	9
[0.77,0.88)	8
[0.66,0.77)	7
[0.55,0.66)	6
[0.44,0.55)	5
[0.33,0.44)	4
[0.22,0.33)	3
[0.11,0.22)	2
[0,0.11)	1

2. 能量法

能量法通过求多个维度值的均方根和均方差，并映射到1～9级，实现对装备技术的综合评价。均方根反映五个维度的综合优势，均方差反映五个维度的不均衡性。以理想点（均方根为1、均方差为0）为原点，用等概率环将整个评价区划分为9级，如图3-5所示，

并根据一项技术五维度评价值的均方根和均方差与理想点的距离映射作为相应的评价等级

$$均方根：\mu=\sqrt{\frac{1}{5}\sum_{i=1}^{5}x_i^{\ 2}} \tag{3-3}$$

其中，x_i 表示五个维度值。

$$均方差：\sigma=\sqrt{\frac{1}{5}\sum_{i=1}^{5}(x_i-\bar{x})^2} \tag{3-4}$$

其中，$\bar{x}$ 表示五个维度值的均值。

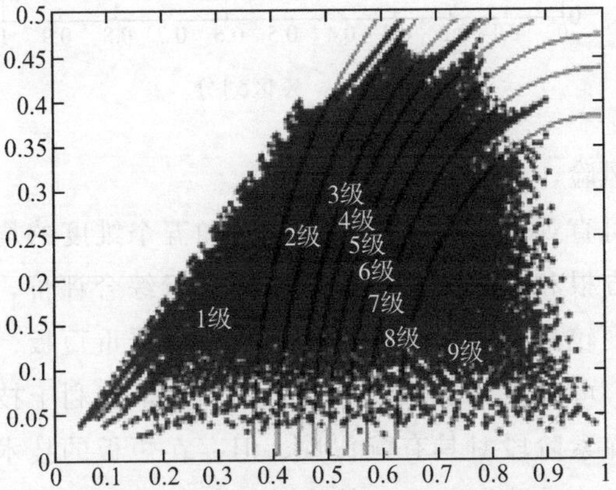

图 3-5　等级划分

为了防止均方差大、但有潜力的技术漏选，设立 X 区（复议区），对于评价结果落入 X 区的技术进行单独讨论。凡均方根大且均方差小的技术，技术可用度高，可优先选用，反之弃用；对 X 区（均方根大、均方差也大）的技术，则应根据具体情况权衡选择，如图 3-6 所示。

边长法是一个融合了平均程度和离散程度的综合评价方法，具有直观、易操作等优点。这种方法通过求五个维度的几何平均数对技术的五维度进行综合度量，是一种对技术短板容忍度低的评价方法，适应于对技术的现实能力评价，可度量综合风险，体现企业技术水平。对于基本型系列化发展的装备技术，应重点考虑技术转化

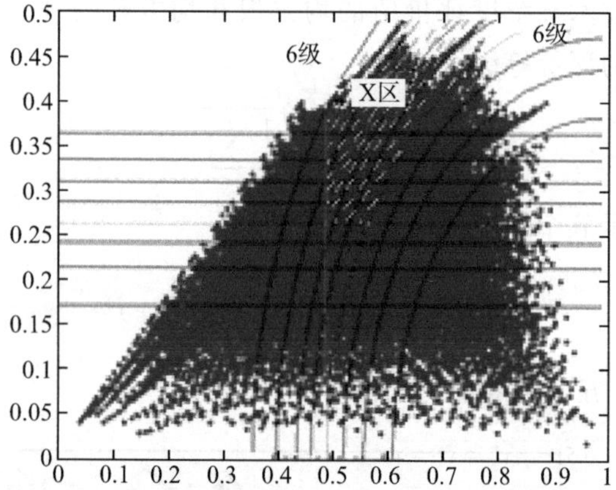

图 3－6　X 区划分

应用效益与风险，一般采用“边长法”。

能量法可直观反映技术的整体水平和五个维度的均衡性。这种方法通过均方根和均方差的组合对技术进行综合评价，是一种对技术短板容忍度较高的评价方法，不会漏选有严重短板、但兼有突出优势的技术，可有效实现对技术潜力的预测，有利于技术洞见，适用于在装备探索阶段对具有颠覆性、但存在短板的技术的评价，以及在装备技术改进阶段对全新技术的评价。对于换代升级的装备技术，为了从长远角度洞见其技术的生命力与竞争力，一般采用能量法。

综上所述，边长法是一种趋向对技术发展走向进行预测的综合评价方法，更有利于整体风险控制；能量法是一种趋向对技术整体优势和发展潜力进行评价的方法，更有利于引导技术发现。

第四章　技术五维度评价模型

一、技术成控度

（一）评价要素

技术成控度可分解为技术成熟度和自主可控度两个三级要素。技术成熟度可进一步分级为技术的物化形式和验证状态两个评价要素。自主可控度可分解为设计可控度、生产可控度和保障可控度三个评价要素，如图 4－1 所示。

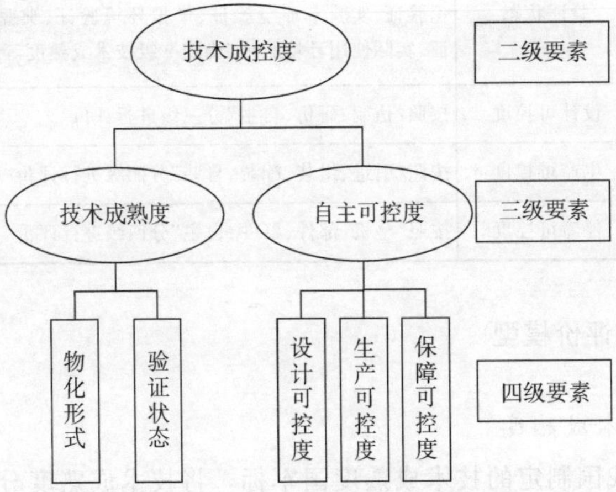

图 4－1　技术成控度评价要素

（二）评价标准

技术成熟度将一项技术从认知基本原理到成功应用的成熟过程划分为四个阶段 9 个级别：原理和技术概念验证阶段（TRL1～

3)、技术攻关和演示验证阶段（TRL4～6）、产品开发和验证阶段（TRL7～8）以及产品应用阶段（TRL9），其评价标准的制定主要依据技术物化形式及其试验验证状态。自主可控度从设计可控度、生产可控度和保障可控度三个方面分别制定评价标准。其中，设计可控度按照该项技术在装备中属于仿制、研仿还是自主分三级制定评价标准；生产可控度按照该项技术在装备中属于引进、组装、配装还是自装分四级制定评价标准；保障可控度按照该项技术在装备中属于整机、部件、器件还是自主分四级制定评价标准，见表 4-1。

表 4-1 技术成控度评价标准

评价要素	评价要素	评价标准
技术成熟度	物化形式和验证状态	依据《9 级技术成熟度标准》，按照技术的物化形式“原理、概念、部件/功能模块、样机、产品”，以及所处的验证状态“理论验证、实验室环境验证、模拟环境验证、典型使用环境验证、实际使用环境验证”确定 9 级技术成熟度等级
自主可控度	设计可控度	按照“仿制、研仿、自主”分三级进行评价
	生产可控度	按照“引进、组装、配装、自装”分四级进行评价
	保障可控度	按照“整机、部件、器件、自主”分四级进行评价

（三）评价模型

1. 技术成熟度

根据我国制定的技术成熟度国军标，将技术成熟度分解为技术物化形式和验证状态两个评价要素，其中包含两大类十个评价要素，构成量化矩阵，采用关联法评价，见表 4-2。

表 4-2 技术成熟度评价矩阵与评价等级量化

评价要素	技术物化形式					
验证状态	评价要素	原理	概念	部件/功能模块	样机	产品
	理论验证	√(1级)	√(2级)			
	实验室环境验证		√(3级)	√(4级)		
	模拟环境			√(5级)		
	典型使用环境验证			√(6级)	√(7级)	√(8级)
	实际使用环境验证					√(9级)

技术成熟度评价等级计算公式如下

$$a_{11}=i+j-1 \tag{4-1}$$

式中，i，j 表示实际评价中"√"位置对应的行、列值。$i=1$，2，3，4，5；$j=1$，2，3，4，5。

归一化方法如下

$$\overline{a_{11}}=\frac{a_{11}}{a_{11\max}}=\frac{a_{11}}{9} \tag{4-2}$$

2. 自主可控度

自主可控度中的设计可控度、生产可控度和保障可控度分别采用分级量化方法进行量化，见表 4-3～表 4-5，从一级开始，一级对应于 1 分，每递进一级增加 1 分。设计可控度、生产可控度和保障可控度这三个要素通过求几何平均数得到自主可控度的评价结果。

表 4-3 设计可控度评价矩阵与评价等级量化

评价要素	仿制	研仿	自主
设计可控度		√	

表 4-4 生产可控度评价矩阵与评价等级量化

评价要素	引进	组装	配装	自装
生产可控度		√		

表 4－5 保障可控度评价矩阵与评价等级量化

评价要素	整机	部件	器件	自主
保障可控度				√

每个要素的评价等级计算公式如下

$$a_{12i} = j \tag{4-3}$$

式中，j 表示“√”位置对应列值。$i=1，2，3$，分别对应“设计可控度、生成可控度和保障可控度”，当 $i=1$，$j=1，2，3$，当 $i>1$，$j=1，2，3，4$。

归一化方法如下

$$\overline{a_{12i}} = \frac{a_{12i}}{a_{12i\max}} \tag{4-4}$$

自主可控度计算公式如下

$$\overline{a_{12}} = \sqrt[3]{\overline{a_{121}}\ \overline{a_{122}}\ \overline{a_{123}}} \tag{4-5}$$

技术成控度计算公式如下

$$\overline{a_1} = \sqrt{\overline{a_{11}}\ \overline{a_{12}}} \tag{4-6}$$

二、技术贡献度

（一）评价要素

技术贡献度可分解为装备能力、体系能力和发展能力三个三级要素。

装备能力包含信息力、打击力、防护力、机动力和保障力五个能力要素。信息力包含信息感知能力、信息传输能力和信息处理能力三个评价要素；打击力包含射程、精度、威力和火力密度四个评价要素；防护力包括硬防护能力和软防护能力两个评价要素；机动力包括机动过载、机动速度和机动范围三个评价要素；保障力包括贮存、运输、供应、管理和维修五个评价要素。

体系能力包含发现力、判断力、决策力和行动力四个能力要素。

发现力包括发现手段、信息冗余和发现能力三个评价要素；判断力包括目标属性、战场态势和发展趋势三个评价要素；决策力包括决策速度、决策准度和决策风险三个评价要素；行动力包括行动效果、行动效益和行动效率三个评价要素。发展能力包含技术应用对企业、对行业和对国家发展带来的贡献程度，如图 4-2 所示。

（二）评价标准

技术贡献度评价从技术的应用对装备能力、体系能力和发展能力三个方面的贡献进行度量。其中，装备能力从信息力、打击力、防护力、机动力和保障力五个能力方面度量；体系能力从发现力、判断力、决策力和行动力四个方面度量；发展能力从对企业、对行业和对国家三个方面度量，见表 4-6。

信息力从信息感知、信息传输和信息处理三个方面能力进行评价；打击力从射程、精度、威力和火力密度四个方面进行评价；防护力从硬防护能力和软防护能力两个方面进行评价；机动力从机动过载、机动速度和机动范围三个方面进行评价；保障力从存贮、运输、供应、管理和维修五个方面进行；发现力从发现手段、信息冗余和发现能力三个方面进行评价；判断力从目标属性、战场态势和发展态势三个方面进行评价；决策力从决策速度、决策准度和决策风险三个方面进行评价；行动力从行动效果、行动效益和行动效率三个方面进行评价。

以上分解的最底层要素均采用“显著降低、降低、持平、提升、跃升”五个等级进行评价。

发展能力根据技术对企业发展、对行业发展和对国家发展的贡献大小来度量，按照“不利影响、保持不变、技术进步、更新换代、填补空白”五级进行评价。

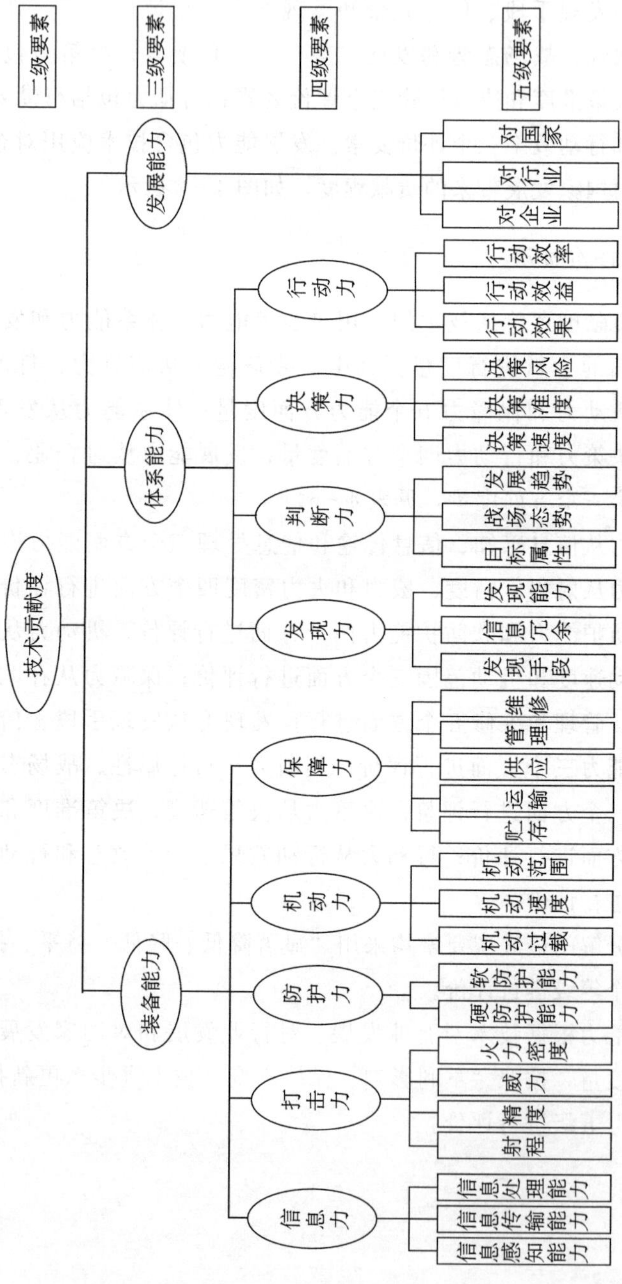

图4－2　技术贡献度评价要素

表 4-6　技术贡献度评价标准

评价要素	评价要素	评价要素	评价标准
装备能力	信息力	信息感知能力	按照“显著降低、降低、持平、提升、跃升”五级进行评价
		信息传输能力	
		信息处理能力	
	打击力	射程	
		精度	
		威力	
		火力密度	
	防护力	硬防护能力	
		软防护能力	
	机动力	机动过载	
		机动速度	
		机动范围	
	保障力	贮存	
		运输	
		供应	
		管理	
		维修	
体系能力	发现力	发现手段	
		信息冗余	
		发现能力	
	判断力	战场态势	
		目标属性	
		发展态势	
	决策力	决策速度	
		决策准度	
		决策风险	
	行动力	行动效果	
		行动效益	
		行动效率	

续表

评价要素	评价要素	评价要素	评价标准
发展能力	对企业发展贡献	对企业发展贡献	按照“不利影响、保持不变、技术进步、更新换代、填补空白”五级进行评价
	对行业发展贡献	对行业发展贡献	
	对国家发展贡献	对国家发展贡献	

（三）评价模型

技术贡献度包括装备能力、体系能力和发展能力三个评价要素。

1. 装备能力

装备能力包括信息力、打击力、防护力、机动力和保障力五个方面，采用累加法和短板法进行评价，见表 4-7～表 4-11。

表 4-7　信息力评价矩阵与评价等级量化

评价要素	显著降低	降低	持平	提升	跃升
信息感知能力		√			
信息传输能力				√	
信息处理能力			√		

表 4-8　打击力评价矩阵与评价等级量化

评价要素	显著降低	降低	持平	提升	跃升
射程		√			
精度				√	
威力			√		
火力密度					

表 4-9　防护力评价矩阵与评价等级量化

评价要素	显著降低	降低	持平	提升	跃升
硬防护能力		√			
软防护能力				√	

表 4-10　机动力评价矩阵与评价等级量化

评价要素	显著降低	降低	持平	提升	跃升
机动过载		√			
机动速度				√	
机动范围			√		

表 4-11　保障力评价矩阵与评价等级量化

评价要素	显著降低	降低	持平	提升	跃升
贮存		√			
运输				√	
供应			√		
管理			√		
维修					√

每个要素的评价值计算公式如下

$$a_{21k} = \sum_{i=1}^{m_k} j_{ki} \tag{4-7}$$

其中，a_{21k} 表示上述五种能力，$k=1$，2，3，4，5 分别对应“信息力、打击力、防护力、机动力和保障力”；m_k 表示第k项能力量化表行数；j_{ki} 表示第k 项能力量化表中第i 行评价要素的评分值，根据“√”的位置对应的列值，j_{ki} 可取值为 1，2，3，4，5。

归一化方法如下

$$\overline{a_{21k}} = \frac{a_{21k}}{a_{21k\max}} \tag{4-8}$$

五项能力都参与评价时，则装备能力评价计算公式如下

$$\overline{a_{21}} = \sqrt[5]{\overline{a_{211}}\ \overline{a_{212}}\ \overline{a_{213}}\ \overline{a_{214}}\ \overline{a_{215}}} \tag{4-9}$$

若只有前两项能力参与评价，其他三项能力为无关项，则装备能力评价计算公式为

$$\overline{a_{21}} = \sqrt{\overline{a_{211}}\ \overline{a_{212}}} \tag{4-10}$$

其他要素都以相同方法处理，以下都按照所有要素均参与评价

给出计算公式。

2. 体系能力

体系能力包括发现力、判断力、决策力和行动力四个方面，采用累加法和边长法进行评价，见表4－12～表4－15。

表4－12 发现力评价矩阵与评价等级量化

评价要素	显著降低	降低	持平	提升	跃升
发现手段		√			
信息冗余			√		
发现能力					√

表4－13 判断力评价矩阵与评价等级量化

评价要素	显著降低	降低	持平	提升	跃升
战场态势		√			
目标属性		√			
发展态势	√				

表4－14 决策力评价矩阵与评价等级量化

评价要素	显著降低	降低	持平	提升	跃升
决策力		√			

表4－15 行动力评价矩阵与评价等级量化

评价要素	显著降低	降低	持平	提升	跃升
行动效果		√			
行动效益			√		
行动效率				√	

每个要素的评价值计算公式如下

$$a_{22k}=\sum_{i=1}^{m_k} j_{ki} \tag{4-11}$$

其中，a_{22k} 表示上述四种能力，$k=1$，2，3，4分别对应“发现力、判断力、决策力和行动力”；m_k 表示第 k 项能力量化表行数；j_{ki} 表示第k项能力量化表中第i行评价要素的评分值，根据"√"的位置对应的列值，j_{ki}可取值为1，2，3，4，5。

归一化方法如下

$$\overline{a_{22k}}=\frac{a_{22k}}{a_{22k\max}} \tag{4-12}$$

体系能力的评价结果计算公式如下

$$\overline{a_{22}}=\sqrt[4]{\overline{a_{221}}\ \overline{a_{222}}\ \overline{a_{223}}\ \overline{a_{224}}} \tag{4-13}$$

3. 发展能力

发展能力包括对国家、行业和企业的发展贡献，而对国家、对行业和对企业的贡献可进一步分解为填补空白、更新换代、技术进步、保持不变和不利影响五种形式，可采用关联法和累加法进行评价，见表4-16。

表4-16　发展能力评价矩阵与评价等级量化

评价要素	不利影响	保持不变	技术进步	更新换代	填补空白
对企业发展贡献	√ （1级）	√ （2级）	√ （3级）	√ （4级）	√ （5级）
对行业发展贡献	√ （1级）	√ （2级）	√ （3级）	√ （4级）	√ （5级）
对国家发展贡献	√ （1级）	√ （2级）	√ （3级）	√ （4级）	√ （5级）

发展能力的评价值计算公式如下

$$a_{23}=\sum_{i=1}^{m}j_i \tag{4-14}$$

式中，m表示实际参与评价的要素数，即行数，若"对企业发展贡献、对行业发展贡献和对国家发展贡献"都参与评价，则$m=3$。j_i表示实际评价中第i行"√"位置对应的列值，$j_i=1$，2，3，4，5分别对应"不利影响、保持不变、技术进步、更新换代、填补空白"。

发展能力归一化方法如下

$$\overline{a_{23}}=\frac{a_{23}}{a_{23\max}} \tag{4-15}$$

技术贡献度评价计算公式如下

$$\overline{a_2} = \sqrt[3]{\overline{a_{21}}\ \overline{a_{22}}\ \overline{a_{23}}} \tag{4-16}$$

三、技术承受度

（一）评价要素

技术承受度可分解为研制采购承受度和使用保障承受度两个三级要素。

研制采购承受度由主要装备研制、生产、试验等条件建设费用决定，与装备类型和现有条件应用相关，其评价要素包括装备是属于基本型、发展型、改进型还是移植型，条件是全新建设、局部改造还是利用现有条件。

使用保障承受度由保障形式和保障装备类型决定，评价要素包括是支援保障、自主保障还是免保障，以及保障装备是专用、通用还是民用，如图 4-3 所示。

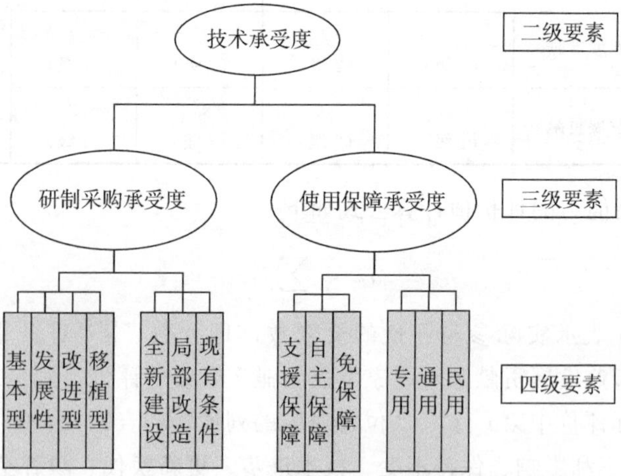

图 4-3 技术承受度评价要素

（二）评价标准

技术承受度从研制采购承受度和使用保障承受度两个方面进行量化评价。其中研制采购承受度按照装备是否属于“基本型、发展型、改进型、移植型”，以及其条件是否为“全新建设、局部改造、现有条件”组合形成12个评价等级；而使用保障承受度则按照是否属于“支援保障、自主保障、免保障”，以及是否“专用、通用、民用”组合形成7个评价等级，见表4－17。

表4－17　技术承受度评价标准

评价要素	评价标准
研制采购承受度	按照是否属于“基本型、发展型、改进型、移植型”，以及其条件是否为“全新建设、局部改造、现有条件”组合形成12个评价等级
使用保障承受度	按照是否属于“支援保障、自主保障、免保障”，以及是否“专用、通用、民用”组合形成7个评价等级

（三）评价模型

技术承受度包括研制采购承受度和使用保障承受度两个评价要素。

1. 研制采购承受度

研制采购承受度包括装备类别和研制采购条件建设的形式两个相互关联的方面，采用关联法进行评价，见表4－17。

表4－18　研制采购承受度评价矩阵与评价等级量化

评价要素	全新建设	局部改造	现有条件
基本型	√ （1级）	√ （2级）	√ （3级）
发展型	√ （4级）	√ （5级）	√ （6级）

续表

评价要素	全新建设	局部改造	现有条件
改进型	√ （7 级）	√ （8 级）	√ （9 级）
移植型	√ （10 级）	√ （11 级）	√ （12 级）

研制采购承受度评价等级计算公式如下

$$a_{31}=3\times(i-1)+j \tag{4-17}$$

式中，i，j 表示实际评价中"√"位置对应的行、列值，$i=1$，2，3，4；$j=1$，2，3。

归一化方法如下

$$\overline{a_{31}}=\frac{a_{31}}{a_{31\max}}=\frac{a_{31}}{12} \tag{4-18}$$

2. 使用保障承受度（见表 4－19）

表 4－19　使用保障承受度评价矩阵与评价等级量化

评价要素	专用	通用	民用
支援保障	√ （1 级）	√ （2 级）	√ （3 级）
自主保障	√ （4 级）	√ （5 级）	√ （6 级）
免保障	√ （7 级）		

使用保障承受度评价等级计算公式如下

$$a_{32}=3\times(i-1)+j \tag{4-19}$$

式中，i，j 表示实际评价中"√"位置对应的行、列值，当 $i=1$，2 时，$j=1$，2，3；当 $i=3$ 时，$j=1$。

归一化方法如下

$$\overline{a_{32}}=\frac{a_{32}}{a_{32\max}}=\frac{a_{32}}{7} \tag{4-20}$$

技术承受度评价结果计算公式如下

$$\overline{a_3} = \sqrt{\overline{a_{31}}\,\overline{a_{32}}} \tag{4-21}$$

四、技术普适度

(一) 评价要素

技术普适度包含空间和时间普适度两个三级评价要素。空间普适度包含装备、型谱、行业和国防系列通用等四个评价要素；时间普适度包含同代和跨代装备通用两个评价要素，如图 4-4 所示。

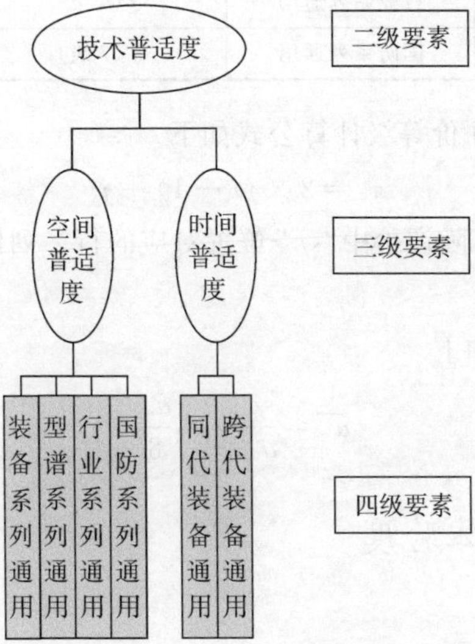

图 4-4　技术普适度评价要素

(二) 评价标准

技术普适度从技术在空间和时间上的适应程度来衡量，按照是否为“装备系列通用、型谱系列通用、行业系列通用、国防系列通用”，以及是否能“同代装备通用、跨代装备通用”组合形成 8 个评价等级。

（三）评价模型

技术普适度包括空间普适度和时间普适度两个评价要素，采用关联法进行评价，评价要素构成的矩阵如表 4－20 所示。

表 4－20　技术普适度评价矩阵与评价等级量化

评价要素	时间普适度		
	评价要素	同代装备通用	跨代装备通用
空间普适度	装备系列通用	√(1 级)	√(2 级)
	型谱系列通用	√(3 级)	√(4 级)
	行业系列通用	√(5 级)	√(6 级)
	国防系列通用	√(7 级)	√(8 级)

技术普适度评价等级计算公式如下

$$a_4 = 2 \times (i - 1) + j \tag{4-22}$$

式中，i，j 表示实际评价中“√”位置对应的行、列值，$i=1$，2，3，4；$j=1$，2。

归一化方法如下

$$\overline{a_4} = \frac{a_4}{a_{4\max}} = \frac{a_4}{8} \tag{4-23}$$

五、技术体验度

（一）评价要素

技术体验度可划分为好用性和实用性两个三级评价要素。

好用性包含易操作、易管理和易维修三个四级评价要素，易操作包含操作简单、界面友好和环境舒适三个评价要素；易管理包含管理环节少、管理要素融、管理信息通和管理要求低四个评价要素；易维修包含健康管理和更换便捷两个评价要素。

实用性包含高可靠、长寿命、强适应和多任务四个四级评价要素。高可靠包括固有可靠性高和使用可靠性高两个评价要素；长寿命包含贮存时间、值班时间、通电时间和通电次数四个评价要素；强适应包含平台环境适应能力、自然环境适应能力和对抗环境适应能力三个评价要素；多任务包含侦察、控制、打击、评估四个评价要素，如图 4-5 所示。

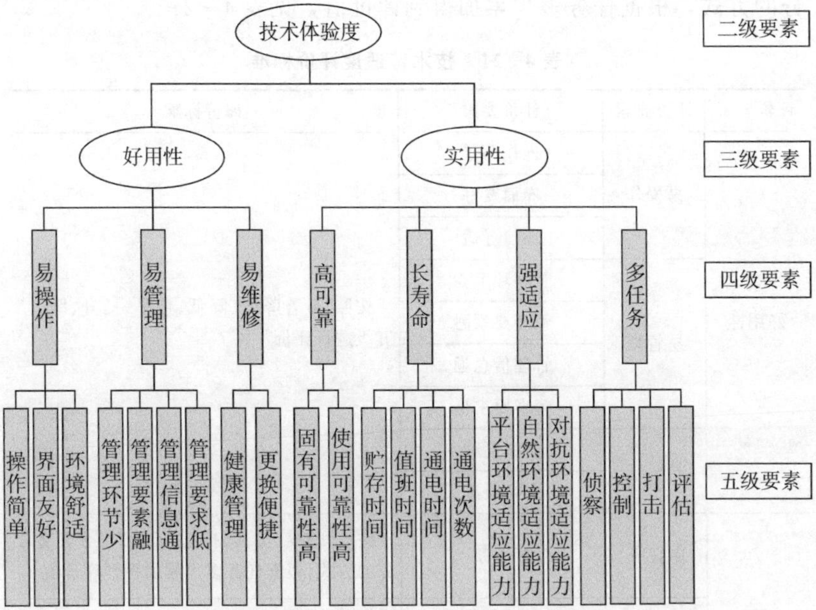

图 4-5　技术体验度评价要素

(二) 评价标准

技术体验度从技术应用于装备后，装备的好用性和实用性是否提升来衡量。其中，好用性从易操作、易管理和易维修三个方面衡量。易操作从操作简单、界面友好和环境舒适三个方面度量；易管理从管理环节少、管理要素融、管理信息通和管理要求低四个方面度量；易维修从健康管理和更换便捷两个方面度量。其中的最底层评价要素均按照“显著降低、降低、持平、提升、跃升”五级进行评价。

实用性从高可靠、长寿命、强适应和多任务四个方面衡量。高可靠从固有可靠性和使用可靠性两个方面度量；长寿命从贮存时间、值班时间、通电时间和通电次数四个方面度量；强适应从平台环境适应能力、自然环境适应能力和对抗环境适应能力三个方面度量。最底层评价要素均按照“显著降低、降低、持平、提升、跃升”五级进行评价。多任务按照“侦察、控制、打击、评估”每个任务1分的方式，根据任务多少累加得到评价值，见表4-21。

表4-21 技术普适度评价标准

评价要素	评价要素	评价要素	评价标准
好用性	易操作	操作简单	按照“显著降低、降低、持平、提升、跃升”五级进行评价
		界面友好	
		环境舒适	
	易管理	管理环节少	
		管理要素融	
		管理信息通	
		管理要求低	
	易维修	健康管理	
		更换便捷	
实用性	多任务	多任务	按照“侦察、控制、打击、评估”每个任务1分的方式，根据任务多少累加得到评价值
	高可靠	固有可靠性高	按照“显著降低、降低、持平、提升、跃升”五级进行评价
		使用可靠性高	
	长寿命	贮存时间	
		值班时间	
		通电时间	
		通电次数	
	强适应	平台环境适应能力	
		自然环境适应能力	
		对抗环境适应能力	

（三）评价模型

技术体验度包括好用性和实用性两个评价要素。

1. 好用性

好用性包括易操作、易管理和易维修三个方面，采用累加法和短板法进行评价，见表 4-22～表 4-24。

表 4-22　易操作评价矩阵与评价等级量化

评价要素	显著降低	降低	持平	提升	跃升
操作简单		√			
界面友好				√	
环境舒适			√		

表 4-23　易管理评价矩阵与评价等级量化

评价要素	显著降低	降低	持平	提升	跃升
管理环节少		√			
管理要素融				√	
管理信息通			√		
管理要求低					√

表 4-24　易维修评价矩阵与评价等级量化

评价要素	显著降低	降低	持平	提升	跃升
健康管理		√			
更换便捷				√	

每个要素的评价值计算公式如下

$$a_{51k}=\sum_{i=1}^{m_k} j_{ki} \qquad (4-24)$$

其中，a_{51k} 表示上述好用性分解的三个要素，$k=1, 2, 3$ 分别对应“易操作、易管理、易维修”；m_k 表示第 k 项要素量化表行数；j_{ki} 表示第 k 项要素量化表中第 i 行评价子要素的评分值，根据“√”的位置对应的列值，j_{ki} 可取值为 1，2，3，4，5。

归一化方法如下

$$\overline{a_{51k}}=\frac{a_{51k}}{a_{51k\max}} \tag{4-25}$$

好用性的评价结果计算公式如下

$$\overline{a_{51}}=\sqrt[3]{\overline{a_{511}}\ \overline{a_{512}}\ \overline{a_{513}}} \tag{4-26}$$

2. 实用性（见表 4-25～表 4-28）

表 4-25 多任务评价矩阵与评价等级量化

评价要素	侦察	控制	打击	评估
多任务	√	√		√

表 4-26 高可靠评价矩阵与评价等级量化

评价要素	显著降低	降低	持平	提升	跃升
固有可靠性高		√			
使用可靠性高				√	

表 4-27 长寿命评价矩阵与评价等级量化

评价要素	显著降低	降低	持平	提升	跃升
贮存时间		√			
值班时间				√	
通电时间			√		
通电次数				√	

表 4-28 强适应评价矩阵与评价等级量化

评价要素	显著降低	降低	持平	提升	跃升
平台环境适应能力		√			
自然环境适应能力				√	
对抗环境适应能力			√		

多任务计算方法如下

$$a_{521}=q\times 1 \tag{4-27}$$

式中，q 表示“√”的数量，即技术应用后装备实际承担的任务数量，每项任务对应评价分值为 1。

多任务评分结果归一化方法如下

$$\overline{a_{521}}=\frac{a_{521}}{a_{521\max}}=\frac{a_{521}}{4} \tag{4-28}$$

其他要素的评价值计算公式如下

$$a_{52k}=\sum_{i=1}^{m_k} j_{ki} \tag{4-29}$$

其中，a_{52k} 表示上述实用性分解的要素，$k=2$，3，4 分别对应“高可靠、长寿命、强适应”；m_k 表示第 k 项要素量化表行数；j_{ki} 表示第 k 项要素量化表中第 i 行评价子要素的评分值，根据“√”的位置对应的列值，j_{ki} 可取值为 1，2，3，4，5。

归一化方法如下

$$\overline{a_{52k}}=\frac{a_{52k}}{a_{52k\max}} \tag{4-30}$$

好用性的评价结果计算公式如下

$$\overline{a_{52}}=\sqrt[4]{\overline{a_{521}}\ \overline{a_{522}}\ \overline{a_{523}}\ \overline{a_{524}}} \tag{4-31}$$

技术体验度评价结果计算如下

$$\overline{a_5}=\sqrt{\overline{a_{51}}\ \overline{a_{52}}} \tag{4-32}$$

第五章 装备与技术的匹配性

一、技术素质差异性分类

（一）五型技术

根据技术五个维度中某个维度评价值显著突出的情况，而将技术分为稳定型技术、能力型技术、经济型技术、基础型技术和实用型技术五种类型。

1. 稳定型技术

稳定型技术是指在技术的五个维度中，技术成控度的评价值明显高于其他四个维度评价值的技术。这种技术成熟度高，而且自主可控。其五个维度的评价值典型分布如图 5-1 所示。

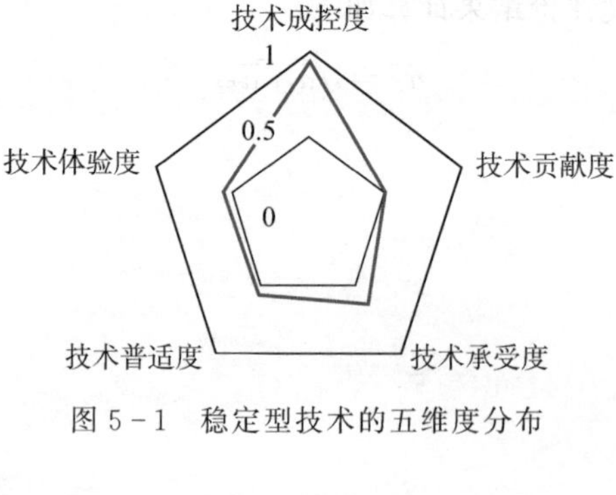

图 5-1 稳定型技术的五维度分布

2. 能力型技术

能力型技术是指在技术的五个维度中，技术贡献度的评价值明显高于其他四个维度评价值的技术。其五个维度的评价值典型分布如图 5-2 所示。

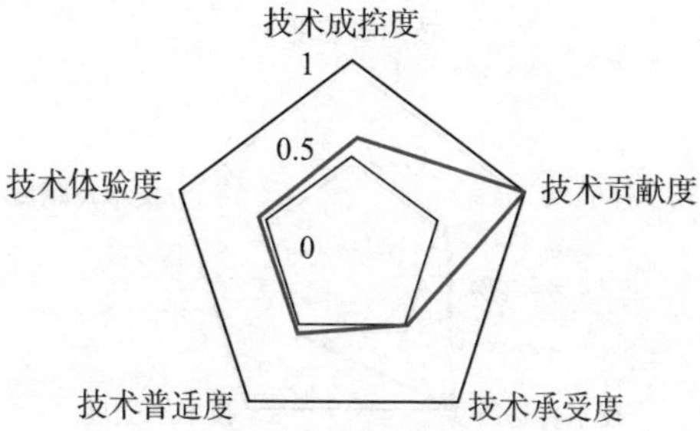

图 5-2 能力型技术的五维度分布

3. 经济型技术

经济型技术是指在技术的五个维度中，技术承受度的评价值明显高于其他四个维度评价值的技术。其五个维度的评价值典型分布如图 5-3 所示。

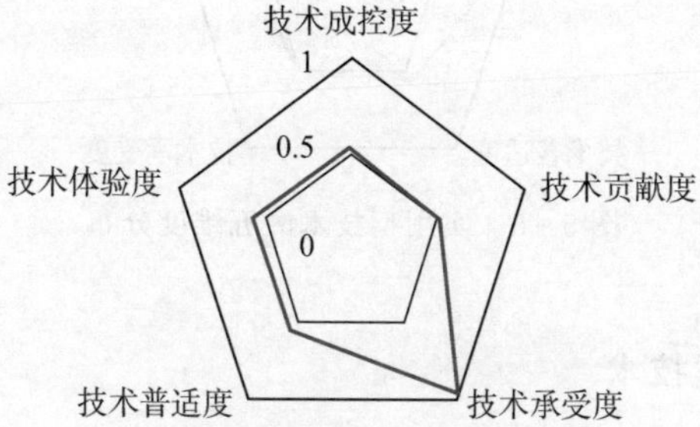

图 5-3 经济型技术的五维度分布

4. 基础型技术

基础型技术是指在技术的五个维度中，技术普适度的评价值明显高于其他四个维度评价值的技术。其五个维度的评价值典型分布如图 5-4 所示。

5. 实用型技术

实用型技术是指在技术的五个维度中，技术体验度的评价值明显高于其他四个维度评价值的技术。其五个维度的评价值典型分布如图 5-5 所示。

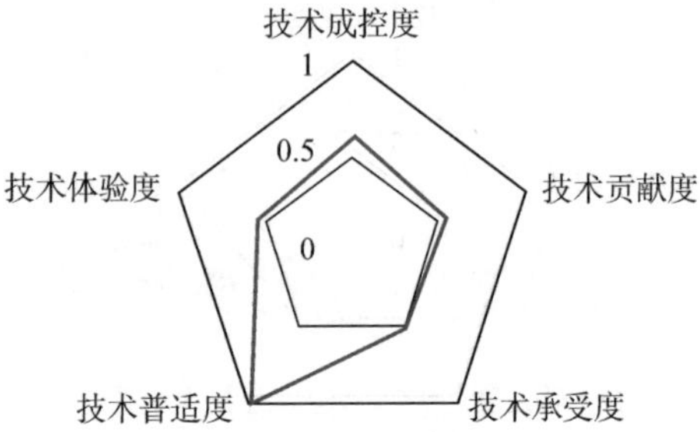

图 5-4　基础型技术的五维度分布

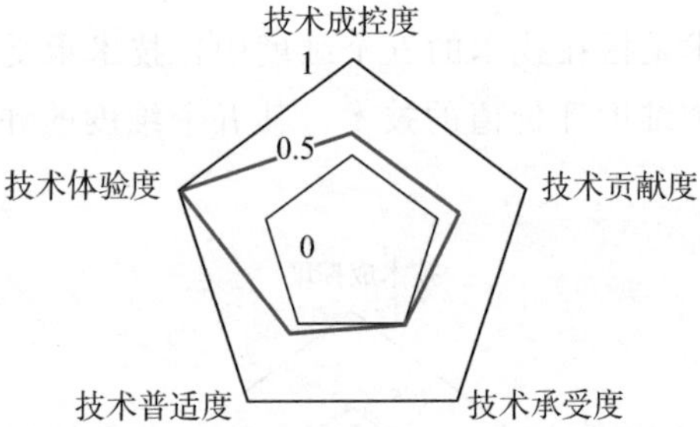

图 5-5　实用型技术的五维度分布

(二) 十类技术

在技术五维度评价中，如果存在两个维度的技术评价值明显高于其他三个维度的技术评价值的情况，根据两个高维度评价值不同的组合，可以将技术划分为十类。

1. 核心性技术

核心性技术是指在技术的五个维度中，技术成控度和技术贡献度的评价值明显高于其他三个维度评价值的技术。这种技术体现一个单位、部门、行业和国家的核心竞争力。其五个维度的评价值典型分布如图 5-6 所示。

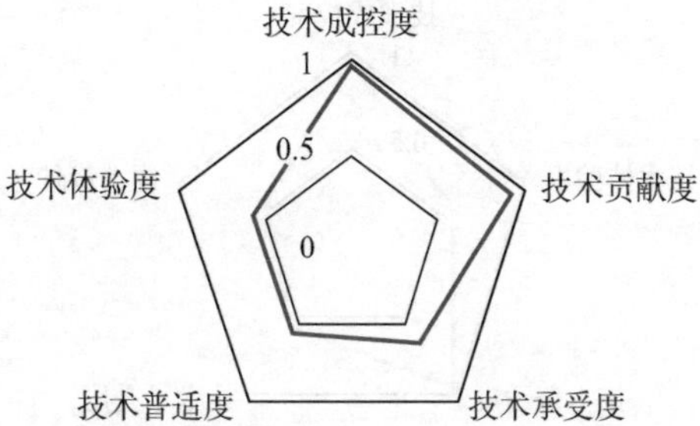

图 5-6　核心性技术的五维度分布

2. 货架性技术

货架性技术是指在技术的五个维度中，技术成控度和技术承受度的评价值明显高于其他三个维度评价值的技术。这种技术门槛低、效益高，可以在市场上方便地采购。其五个维度的评价值典型分布如图 5-7 所示。

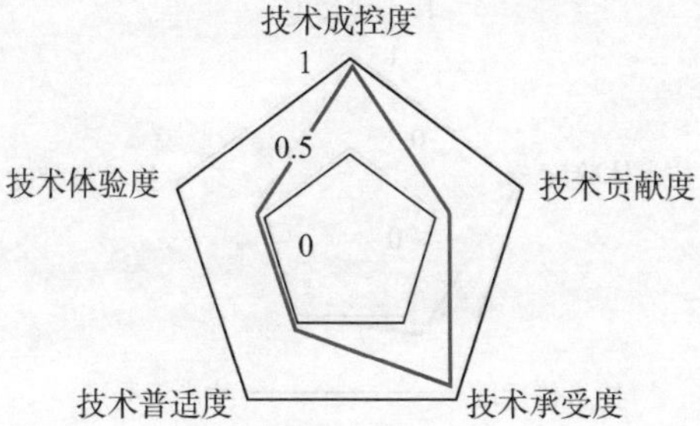

图 5-7　货架性技术的五维度分布

3. 两用性技术

两用性技术是指在技术的五个维度中，技术成控度和技术普适度的评价值明显高于其他三个维度评价值的技术。这种技术应用广泛，且自主可控，具有典型的军民两用特征。其五个维度的评价值典型分布如图 5-8 所示。

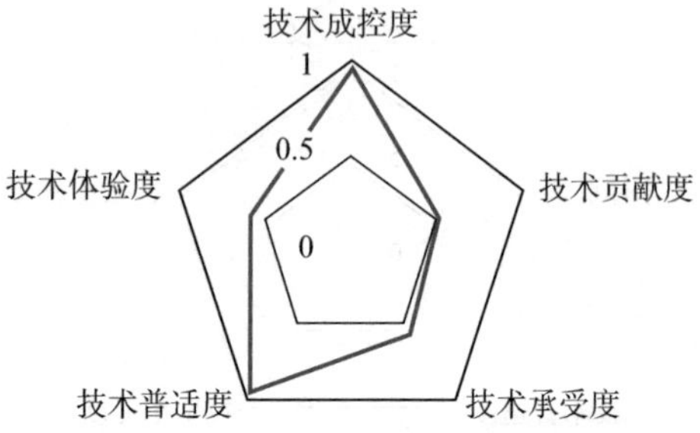

图 5-8　两用性技术的五维度分布

4. 实用性技术

实用性技术是指在技术的五个维度中，技术成控度和技术体验度的评价值明显高于其他三个维度评价值的技术。这种技术自主可控且使用价值高，具有好用、实用、管用的突出特征。其五个维度的评价值典型分布如图 5-9 所示。

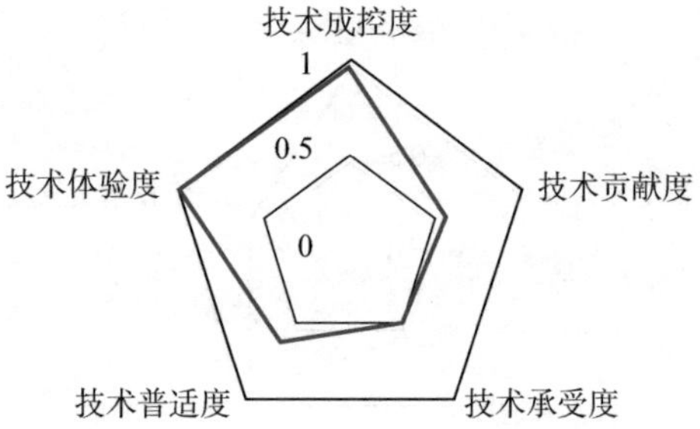

图 5-9　实用性技术的五维度分布

5. 颠覆性技术

颠覆性技术是指在技术的五个维度中，技术贡献度和技术承受度的评价值明显高于其他三个维度评价值的技术。这种技术投入少、效益高，一旦采用会对装备能力产生颠覆性影响。其五个维度的评价值典型分布如图 5-10 所示。

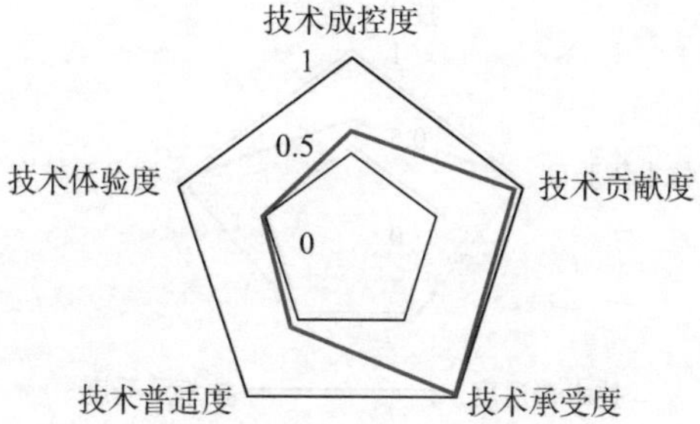

图 5-10　颠覆性技术的五维度分布

6. 基础性技术

基础性技术是指在技术的五个维度中，技术贡献度和技术普适度的评价值明显高于其他三个维度评价值的技术。这种技术具有技术变革的显著特征，一旦突破会带来装备技术和工业水平的代的跃升。其五个维度的评价值典型分布如图 5-11 所示。

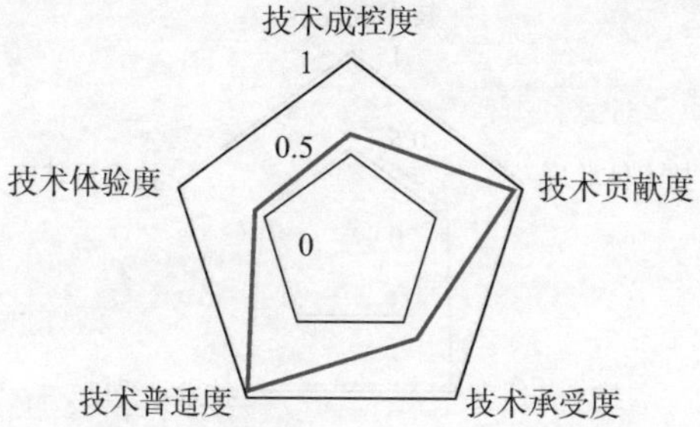

图 5-11　基础性技术的五维度分布

7. 前沿性技术

前沿性技术是指在技术的五个维度中，技术贡献度和技术体验度的评价值明显高于其他三个维度评价值的技术。这种技术具有未来装备应用的潜质，一旦突破会改变武器装备的作战样式和战争的形态。其五个维度的评价值典型分布如图 5-12 所示。

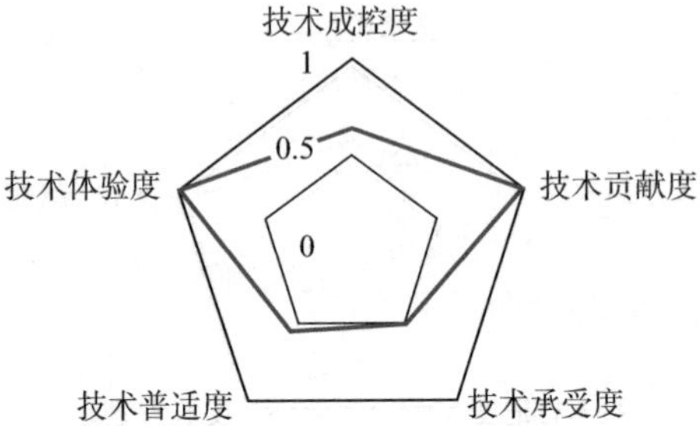

图 5－12　前沿性技术的五维度分布

8. 通用性技术

通用性技术是指在技术的五个维度中，技术承受度和技术普适度的评价值明显高于其他三个维度评价值的技术。这种技术廉价而且应用广泛，具有长期的生命力和跨行业的共性特征。其五个维度的评价值典型分布如图 5－13 所示。

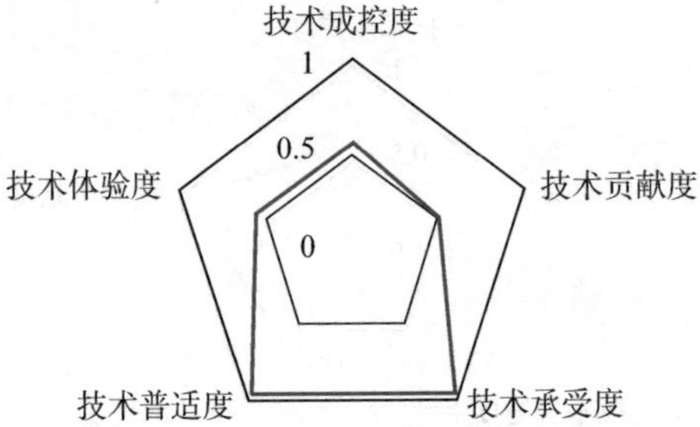

图 5－13　通用性技术的五维度分布

9. 支撑性技术

支撑性技术是指在技术的五个维度中，技术承受度和技术体验度的评价值明显高于其他三个维度评价值的技术。这种技术物美价廉，是支撑骨干装备发展和制造能力的核心关键技术。其五个维度的评价值典型分布如图 5－14 所示。

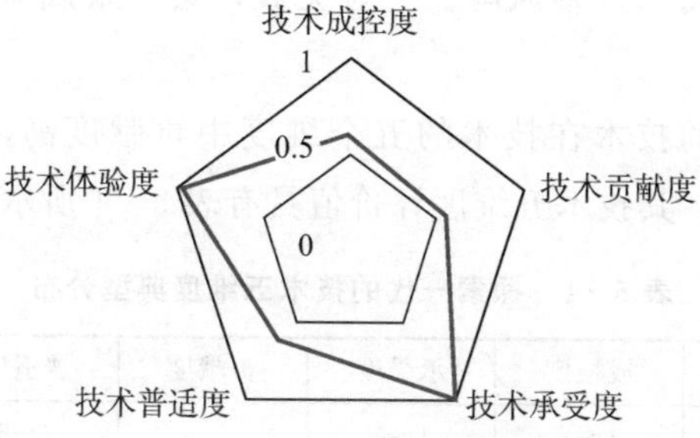

图 5-14　支撑性技术的五维度分布

10. 共性技术

共性技术是指在技术的五个维度中，技术普适度和技术体验度的评价值明显高于其他三个维度评价值的技术。这种技术需求和应用广泛。其五个维度的评价值典型分布如图 5-15 所示。

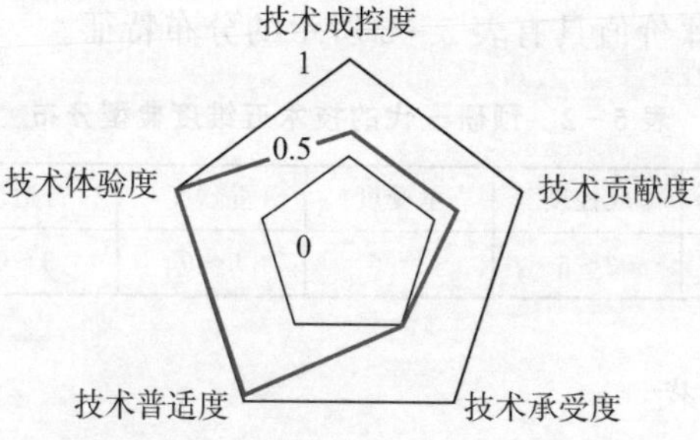

图 5-15　共性技术的五维度分布

二、装备需求差异性分析

（一）不同代际装备

1. 探索一代

探索一代是未来十年以后需要发展的换代性武器装备。探索一代的技术具有核心性、颠覆性、基础性、前沿性等特点。由于未来战争样式、装备形态和技术突破具有很强的不确定性，会带来技术探索目标的模糊和过程风险。一旦突破，会带来武器装备和战争样式的变革。

探索一代的技术在技术的五个维度中贡献度高，普适度较低，其他维度更低，其技术五维度评价值具有表5-1所示的分布特征。

表5-1 探索一代的技术五维度典型分布

装备	成控度	承受度	贡献度	普适度	体验度
探索一代	1～3	1～3	6～9	3～6	1～3

2. 预研一代

预研一代是未来五年能够立项研制的武器装备。预研一代的技术具有核心性、实用性、颠覆性、共性等特点，一旦突破，会带来武器装备能力的大幅提升和在役装备的新老更替。

预研一代的技术在技术的五个维度中贡献度、体验度都很高，其技术五维度评价值具有表5-2所示的分布特征。

表5-2 预研一代的技术五维度典型分布

装备	成控度	承受度	贡献度	普适度	体验度
预研一代	3～6	3～6	6～9	3～6	6～9

3. 研制一代

研制一代是目前已经立项研制的武器装备。研制一代的技术具有核心性、货架性、实用性、通用性、支撑性等特点，是已经成熟或突破的技术。

研制一代的技术在技术的五个维度中成控度、贡献度、体验度都很高，其技术五维度评价值具有表5-3所示的分布特征。

表5-3 研制一代的技术五维度典型分布

装备	成控度	承受度	贡献度	普适度	体验度
研制一代	6～9	3～9	6～9	3～9	6～9

4. 生产一代

生产一代是目前已经装备使用的武器装备。生产一代的技术具有核心性、货架性、实用性、支撑性、共性等特点，是已经成熟的技术。

生产一代的技术在技术的五个维度中，评价值都高，尤其是成控度更高，其技术五维度评价值具有表 5-4 所示的分布特征。

表 5-4 生产一代的技术五维度典型分布

装备	成控度	承受度	贡献度	普适度	体验度
生产一代	8～9	3～9	6～9	3～9	3～9

（二）不同使命装备

1. 战略装备

战略装备是指具有战略性使命任务的武器装备，如战略核导弹装备、战略预警装备、战略反导装备、航母及反航母装备等。战略装备的技术具有核心性、颠覆性、基础性等特点，在研制阶段其技术五维度评价值具有表 5-5 所示的分布特征。

表 5-5 战略装备的技术五维度典型分布

装备	成控度	承受度	贡献度	普适度	体验度
战略装备	8～9	3～9	8～9	3～6	3～6

2. 战役装备

战役装备主要是指平台类武器装备，如飞机、舰艇、装甲车辆等。战役装备的技术具有核心性、两用性、实用性、通用性、支撑性等特点，在研制阶段其技术五维度评价值具有表 5-6 所示的分布特征。

表 5-6 战役装备的技术五维度典型分布

装备	成控度	承受度	贡献度	普适度	体验度
战役装备	8～9	6～9	6～9	4～9	5～9

3. 战术装备

战术装备主要是指兵器类武器装备，如枪、炮、导弹、火箭弹等。战术装备的技术具有核心性、货架性、实用性、通用性、支撑性等特点，在研制阶段其技术五维度评价值具有表 5-7 所示的分布特征。

表 5-7　战术装备的技术五维度典型分布

装备	成控度	承受度	贡献度	普适度	体验度
战术装备	8～9	6～9	6～9	6～9	6～9

（三）不同用途装备

1. 共性装备

共性装备主要指适用于多种类型和多个军兵种的武器装备，如通信装备、运输装备、作战保障装备等。共性装备的技术具有货架性、两用性、实用性、基础性、通用性、共性等特点，在研制阶段其技术五维度评价值具有表 5-8 所示的分布特征。

表 5-8　共性装备的技术五维度典型分布

装备	成控度	承受度	贡献度	普适度	体验度
共性装备	8～9	8～9	6～9	8～9	6～9

2. 专用装备

专用装备主要指某一军兵种专门使用的武器装备，如导弹发射车、作战飞机、作战舰艇等。专用装备的技术具有核心性、实用性、支撑性等特点，在研制阶段其技术五维度评价值具有表 5-9 所示的分布特征。

表 5-9　专用装备的技术五维度典型分布

装备	成控度	承受度	贡献度	普适度	体验度
专用装备	8～9	5～9	6～9	6～9	6～9

（四）不同使用状态装备

1. 重复使用装备

重复使用装备主要是指可以进行重复使用的武器装备，如飞机、舰艇、运输车等。重复使用装备的技术具有核心性、货架性、实用性、两用性、通用性、支撑性等特点，在研制阶段其技术五维度评价值具有表5－10所示的分布特征。

表5－10　重复使用装备的技术五维度典型分布

装备	成控度	承受度	贡献度	普适度	体验度
重复使用装备	8～9	5～9	6～9	5～9	6～9

2. 一次性使用装备

一次性使用装备主要是指平时长期存储、战时一次性使用的武器装备，如导弹、火箭弹、一次性使用的无人机等。一次性使用装备的技术具有核心性、货架性、实用性、支撑性、共性等特点，在研制阶段其技术五维度评价值具有表5－11所示的分布特征。

表5－11　一次性使用装备的技术五维度典型分布

装备	成控度	承受度	贡献度	普适度	体验度
一次性使用装备	8～9	6～9	6～9	6～9	6～9

三、需求与技术匹配性研究

（一）型装匹配

型装匹配是指五型技术与装备需求的匹配程度。稳定型、能力型、经济型、基础型和实用型技术分别适用不同的武器装备类型，其匹配关系如表5－12所示。

表 5-12　型装匹配

	稳定型技术	能力型技术	经济型技术	基础性技术	实用性技术
探索一代		√		√	
预研一代		√		√	√
研制一代	√	√	√		√
生产一代	√	√	√		√
战略装备	√	√		√	
战役装备	√	√	√		√
战术装备	√	√	√		√
共性装备	√	√	√	√	√
专用装备	√	√			√
重复使用装备	√	√			√
一次性使用装备	√	√	√		√

(二) 类装匹配

类装匹配是指十类技术与装备需求的匹配程度。核心性、货架性、两用性、实用性、颠覆性、基础性、前沿性、通用性、支撑性和共性技术分别适用不同的武器装备类型，其匹配关系如表 5-13 所示。

表 5-13　类装匹配

	核心性技术	货架性技术	两用性技术	实用性技术	颠覆性技术	基础性技术	前沿性技术	通用性技术	支撑性技术	共性技术
探索一代	√				√	√	√			
预研一代	√			√	√					√
研制一代	√	√		√				√	√	
生产一代	√	√		√					√	√
战略装备	√				√	√				
战役装备	√		√	√				√	√	
战术装备	√	√		√				√	√	

续表

	核心性技术	货架性技术	两用性技术	实用性技术	颠覆性技术	基础性技术	前沿性技术	通用性技术	支撑性技术	共性技术
共性装备		√	√	√		√		√		√
专用装备	√			√					√	
重复使用装备	√	√	√	√				√	√	
一次性使用装备	√	√		√					√	√

（三）适本匹配

适本匹配是指技术适应本国基础能力、长板优势、使用传统的程度。如导弹技术是我国的长板优势，适本匹配程度高。

人才评价追求人与组织的匹配，要求人的价值观不能背离企业文化，这样才能适应和促进企业的发展。技术也是如此，不同企业由于性质不同、规模不同、发展定位不同，其装备产品差异较大，关键技术、核心技术、前沿技术的选取标准也不同，对技术五维度的需求各异。因此，需要针对企业定位和发展要求，选择适应自身发展的装备技术。

（四）潜发匹配

潜发匹配是指技术潜力满足装备长远发展需求的程度。

技术的潜力不仅体现在对装备能力的贡献上，还体现在装备的生命力和应用广度，以及装备好用、实用等多个方面；另一方面，装备的发展需求也是多样化的，不同军种对装备的需求不同，不同的作战任务对装备的需求不同，不同时期国际形势对装备的需求不同，国家在不同发展阶段对装备需求定位也不同。不同的装备需求对装备技术素质要求也不一样，只有技术潜力与装备发展需求相匹配，武器装备才能得到长远发展。

第六章　国外弹道导弹技术五维度评价分析

弹道导弹是除了主动段有动力飞行或进行制导的弹道外，其他部分沿着只受地球重力作用的椭圆弹道飞行的导弹。弹道导弹自二战期间德国的“V-2”导弹起源至今，经过数十年的发展，技术范畴不断外延，至今已成为重要的战略威慑和战术战役打击手段。弹道导弹如今已发展成为射程覆盖近、中、远和洲际，具备陆、海、空基平台发射能力，可打击各类战术战役战略目标的庞大家族。弹道导弹具有导弹的一般特性，即由弹头（战斗部系统）、弹体结构系统、推进系统和制导系统四大部分组成，其基本特征是制导（即导引和控制），主要功能是依靠战斗部来打击各种战役战术纵深目标和战略目标。

本章以国外战术弹道导弹为研究对象，使用技术五维度的评价方法，对弹道导弹所使用的关键技术进行分析和评价。

一、技术五维度评价分析

（一）装备与技术选择

弹道导弹历经多代发展，整体性能提升巨大。在弹道导弹技术五维度评价过程中重点选取美国和苏联/俄罗斯的典型弹道导弹型号作为评价对象，至于其他国家，选取比较有代表性的侯赛因导弹。按照技术五维度评价方法，针对影响其主要性能指标的发射、动力、飞行控制、导航等技术进行分析评价。

（二）技术五维度评价结果

技术五维度分析评价采用装备立项研制阶段的视点，邀请业内专家进行评价，尽可能确保评价客观。结果如表 6－1 所示。

表 6－1 弹道导弹典型型号技术五维度评价结果

划代	型号	关键技术	成控度	贡献度	承受度	普适度	体验度	边长法综合评分	综合评级
第一代	P－1	发射	0.902	0.661	0.111	0.631	0.532	0.467	5
		发动机	0.845	0.662	0.111	0.630	0.511	0.457	5
		飞行控制	0.902	0.673	0.223	0.632	0.512	0.535	5
		导航	0.845	0.672	0.224	0.630	0.513	0.528	5
	红石	发射	0.902	0.651	0.113	0.628	0.523	0.465	5
		发动机	0.845	0.663	0.114	0.630	0.511	0.460	5
		飞行控制	0.902	0.673	0.221	0.632	0.514	0.534	5
		导航	0.845	0.667	0.222	0.630	0.513	0.526	5
第二代	飞毛腿－B	发射	0.960	0.712	0.583	0.631	0.623	0.690	7
		发动机	0.960	0.671	0.293	0.630	0.553	0.580	6
		飞行控制	0.960	0.682	0.583	0.750	0.513	0.681	7
		导航	0.960	0.683	0.650	0.631	0.514	0.673	7
	侯赛因	发射	0.854	0.684	0.220	0.630	0.554	0.538	5
		发动机	0.758	0.687	0.110	0.630	0.553	0.457	5
		飞行控制	0.893	0.680	0.220	0.632	0.512	0.534	5
		导航	0.854	0.680	0.240	0.630	0.513	0.538	5
	潘兴 1A	发射	0.902	0.650	0.580	0.880	0.551	0.697	7
		发动机	0.902	0.660	0.760	0.630	0.550	0.690	7
		飞行控制	0.902	0.660	0.760	0.626	0.510	0.679	7
		导航	0.902	0.680	0.650	0.630	0.510	0.663	7

划代	型号	关键技术	成控度	贡献度	承受度	普适度	体验度	边长法综合评分	综合评级
第三代	蜘蛛	发射	0.902	0.640	0.220	0.880	0.600	0.583	6
		发动机	0.902	0.650	0.290	0.633	0.550	0.568	6
		飞行控制	0.902	0.690	0.910	0.635	0.510	0.712	7
		导航	0.902	0.680	0.770	0.630	0.510	0.686	7
	潘兴 2	发射	0.902	0.660	0.440	0.880	0.550	0.662	7
		发动机	0.902	0.670	0.580	0.630	0.550	0.656	6
		飞行控制	0.902	0.700	0.580	0.630	0.530	0.657	6
		导航	0.902	0.740	0.310	0.634	0.520	0.585	6
第四代	伊斯坎德尔	发射	0.902	0.650	0.220	0.880	0.570	0.578	6
		发动机	0.902	0.650	0.290	0.632	0.550	0.568	6
		飞行控制	0.902	0.780	0.290	0.630	0.510	0.567	6
		导航	0.902	0.690	0.110	0.884	0.430	0.482	5
	陆军战术	发射	0.960	0.670	0.770	0.880	0.560	0.754	7
		发动机	0.960	0.670	0.290	0.625	0.550	0.577	6
		飞行控制	0.960	0.680	0.910	0.630	0.510	0.718	7
		导航	0.960	0.680	0.410	1.000	0.430	0.649	6

(三) 评价数据分析

针对选取的四代 9 个型号的战术弹道导弹开展技术五维度的评价结果综合分析。

1. 横向数据分析

绘制美、苏/俄两国第四代战术弹道导弹各项技术的直方图比较结果，如图 6 - 1～图 6 - 4 所示，直方图中横轴从左至右分别代表技术成控度、技术贡献度、技术承受度、技术普适度和技术体验度。

就美、苏/俄两国同一代装备所使用的关键技术横向比较而言，美、苏/俄在前两代弹道导弹上的差别不大。第二代战术弹道导弹中的侯赛因导弹是伊拉克根据飞毛腿- B 进行改造的导弹。当时伊拉克

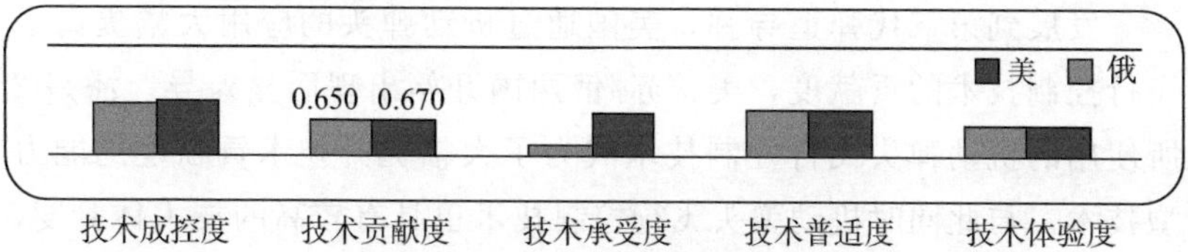

图 6-1　美俄第四代发射技术比较

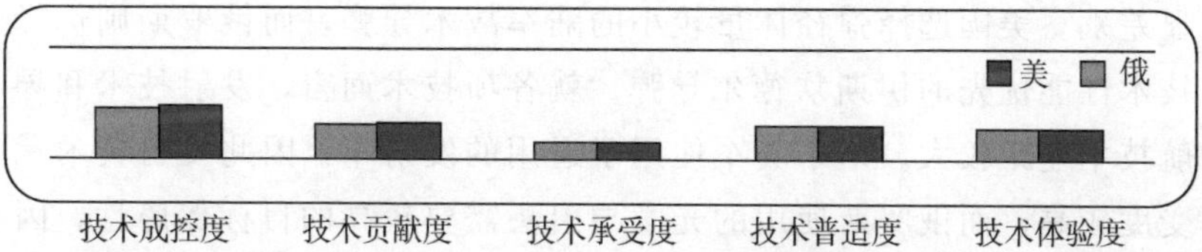

图 6-2　美俄第四代发动机技术比较

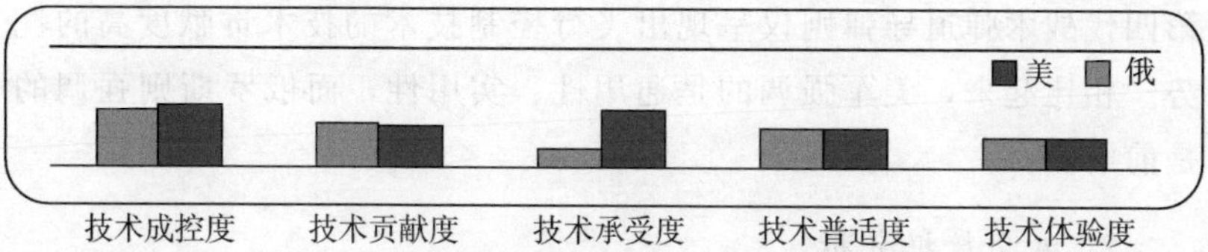

图 6-3　美俄第四代飞行控制技术比较

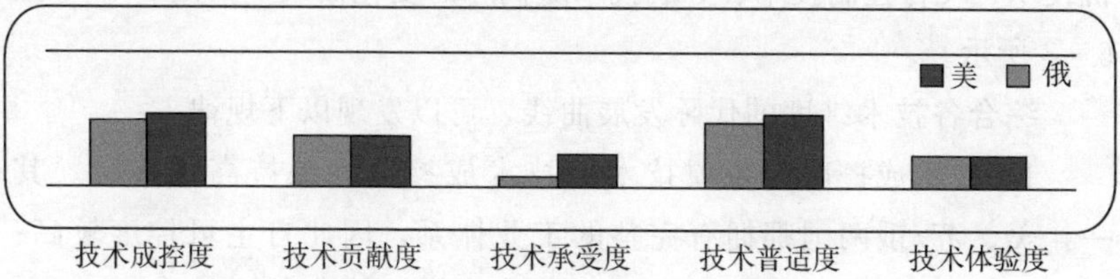

图 6-4　美俄第四代导航技术比较

使用国产的飞行控制和导航设备将飞毛腿导弹的精度提高，同时通过加长发动机使其射程提高到 600 千米。因此侯赛因导弹的发动机技术的技术贡献度均要高于飞毛腿-B 导弹，且同时在飞行控制和导航技术方面均保持了较高的技术可控度。但是由于该导弹对于伊拉克是全新建设，因此技术承受度较低。

发展到第三代弹道导弹，美国通过机动弹头的应用大幅提高了飞行控制技术的贡献度，美、苏/俄两国开始出现明显差异。潘兴2所使用的机动弹头飞行控制技术成为了大幅提升技术贡献度的能力型技术，与此同时机动弹头飞行控制技术也具有较高的技术体验度，是名副其实的前沿技术。

至第四代弹道导弹，美俄两国在技术发展途径选择上呈现出明显差别。美国选择弹径体量较小的陆军战术导弹，而俄罗斯则选择技术性能优先的伊斯坎德尔导弹。就各项技术而言，发射技术和导航技术差距较大。由于美军使用了通用的发射车，因此发射技术承受度较高；而俄罗斯使用的光学导引头需要较高的目标保障性，因此技术承受度较低。因此，美军第四代战术弹道导弹发射技术、飞行控制技术和导航技术呈现明显的技术承受度高的优势，而俄罗斯第四代战术弹道导弹则仅呈现出飞行控制技术的技术贡献度高的优势。相比起来，美军强调的是通用性、实用性，而俄罗斯则强调的是前沿性。

2. 纵向数据分析

分别绘制美、苏/俄两国战术弹道导弹各代际的发射技术、发动机技术、飞行控制技术、导航技术随代际的变化曲线，如图6-5～图6-8所示。

综合各技术维度的代际发展曲线，可以发现以下规律：

1）技术成控度。各项技术的技术成控度均保持高位运行。其一，美、苏/俄两国都拥有完整的工业体系，因此自主可控度较高；其二，作为实际装备的导弹武器，均保持了相当高的成熟度。

2）技术贡献度。各项技术的技术贡献度均保持0.6分以上，表明每一代际的代表产品均保持着提高相关战技指标的效用，但与此同时，贡献度分值又不应过高，因为导弹武器作为高成本武器对成熟可控的要求强于单纯技术指标的提升。

3）技术承受度。各单项的关键技术呈现出不同的技术承受度特征。

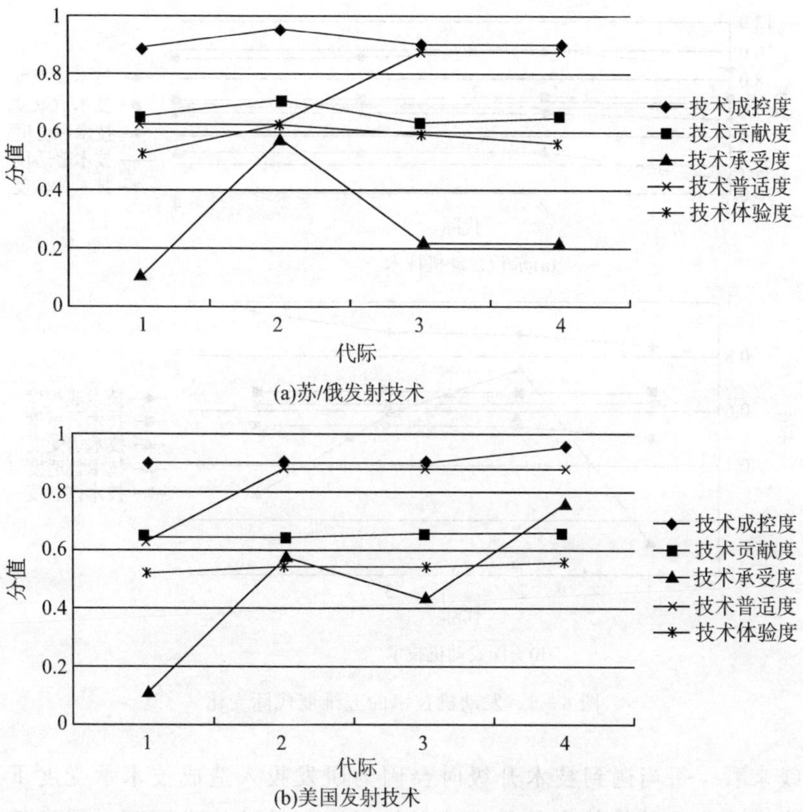

图 6-5　发射技术的五维度代际变化

发射技术。导弹使用发射车从一开始的履带式牵引至后来专用的运输-起竖-发射一体车辆，技术承受度总体呈提高趋势；但是飞毛腿导弹的大规模应用使得对发射车的需求不是特别严苛，这造成了相应机动能力的降低。

发动机技术。发动机技术的技术承受度呈现液体发动机低、固体发动机高的特点，与此同时，选取型号中的改进型均由于有所继承而具有较高的技术承受度。

飞行控制/导航技术。总体而言，战术弹道导弹的飞行控制技术主要经历两个升级，首先是再入制导，再者是全程机动。从曲

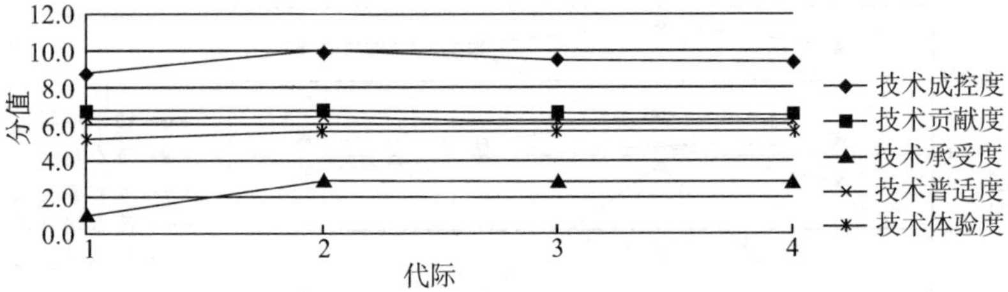

(a)苏/俄发动机技术

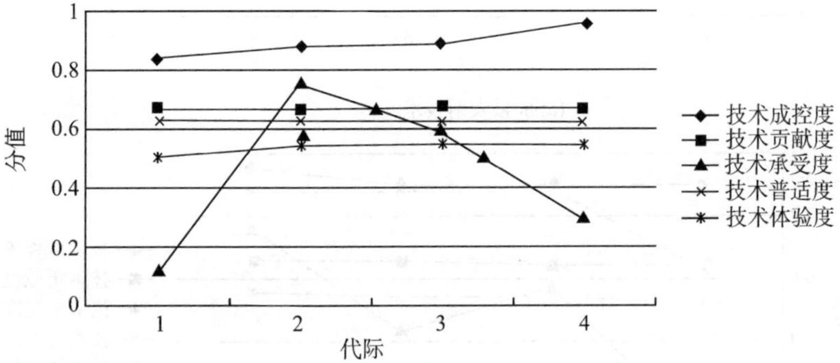

(b)美国发动机技术

图 6－6　发动机技术的五维度代际变化

线来看，每当遇到技术升级时会因为研发投入造成技术承受度下降，而除此以外技术承受度均保持提高。导航技术同理，因为俄罗斯在第四代导弹伊斯坎德尔时应用了光学导引头，而美国在第三代导弹潘兴 2 时应用了图像雷达，均造成此节点的技术承受度有所减小。

4）技术普适度。导弹发射技术的普适度逐渐提高，因为其不断与民用技术融合发展，高性能底盘等技术的运用同时服务了军民行业；而发动机技术、飞行控制技术始终较为专业，有限运用于类似行业，因此技术普适度处于中档水平；导航技术发展到第四代，伴随卫星定位、图像匹配的应用具备较高的普适度。

5）技术体验度。技术体验度体现的是体验效果的增量，各代弹道导弹保持着持续改善的技术体验，而由于导弹运用始终较为复杂，

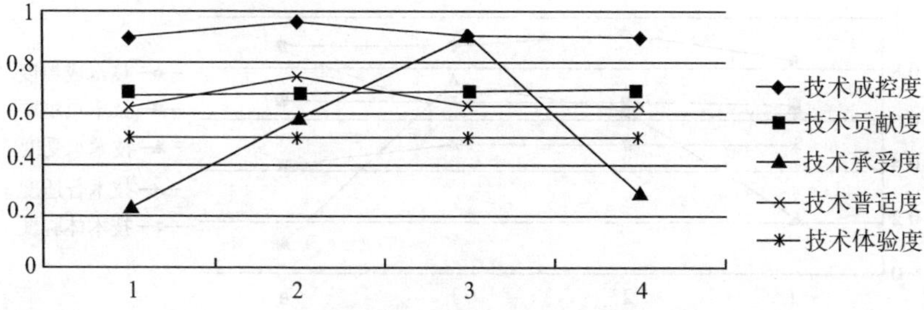

(a)苏/俄飞行控制技术

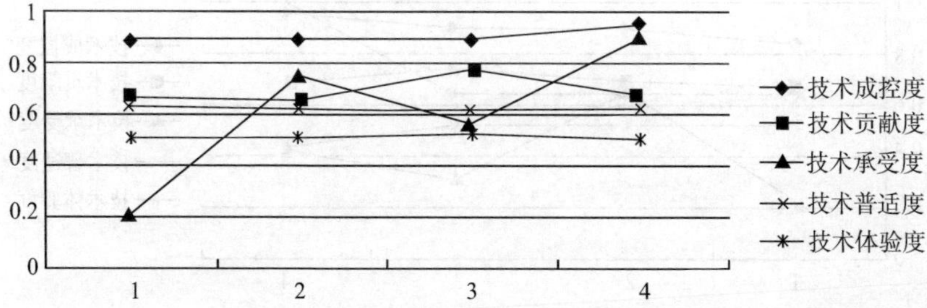

(b)美国飞行控制技术

图 6－7　飞行控制技术的五维度代际变化

因此技术体验度得分处于中低档。另一方面，弹道导弹作为威慑性武器，应保持一定的复杂度，以增加安全性。

3. 综合分析

从典型型号所使用关键技术的五个维度评价分布来看，呈现出装备发展过程中的三个规律。

1）装备需求的差异导致不同的技术素质需求。以飞毛腿－B 导弹为例，它是战场打击的主战武器，因此对其的需求定位为一次性使用的通用武器，也正因如此，对其技术成控度、技术承受度要求就显得尤其重要，而对其技术贡献度则要求相对较低。因此从各典型装备的横向比较来看，飞毛腿－B 导弹的技术承受度明显处于较高的水平。

2）技术素质的差异性导致五维度评价分布不同。新技术的应

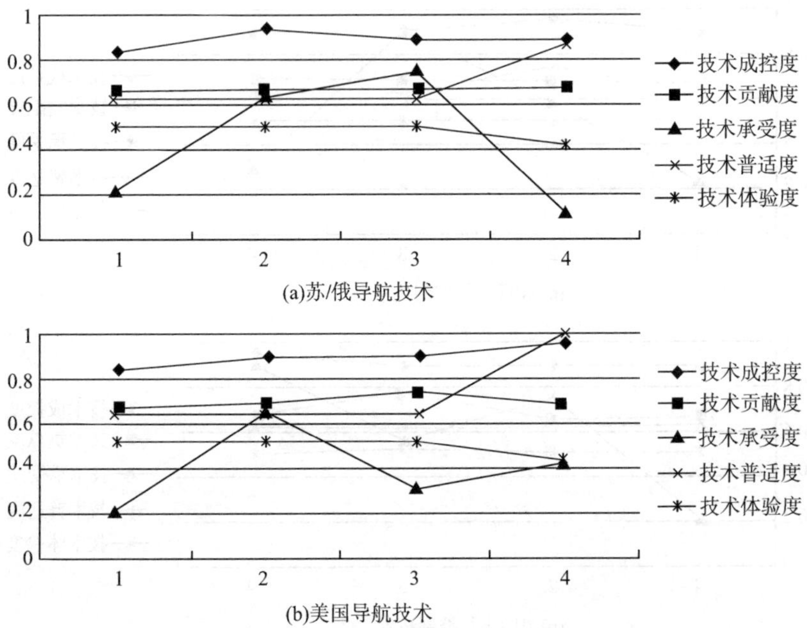

图 6-8　导航技术的五维度代际变化

用，必然会导致贡献度提升的同时，承受度有所降低，主要是研发成本、使用成本的普遍提升，因此，技术越前沿，技术承受度相对越低。也正因为新技术，尤其是能大幅提高效能的新技术，其发现和发展的过程中不是连续性的，而是阶梯状的，所以导致不同代际装备的技术承受度分布方差较大。以应用于潘兴 2 导弹的机动弹头控制技术为例，其作为前沿技术，具有较高的技术贡献度和技术成控度，但是也因此带来较低的技术承受度。这说明，技术的发展往往无法实现五维度共赢。反之，应用于早期导弹的液体发动机技术虽然技术承受度不高，但是技术成控度和技术普适度较高，是典型的两用性技术，因此液体发动机技术至今仍大量应用于航天运载领域。

3）技术与装备的匹配性对装备的评价有重要影响。前沿技术虽然性能先进，但是造价、保障难度大，因此从第三代的蜘蛛导弹到第四代的伊斯坎德尔导弹，飞行控制技术的总评价值由 7 降低至 6。而第二代战术弹道导弹的代表型号飞毛腿-B，尽管性能并不先进，却由于各项技术的评价均处于较高水平，仍然广泛应用。因此，技术的先进与否并不是决定技术“好”“坏”的标准，其与装备的匹配程度，才是评价该项技术是否适合的标准。具体而言，体现在各项关键技术的五维度评价上，该评价与装备自身的作战定位密切关联。以本章所涉及的战术弹道导弹为例，其战术战役打击的作战定位使得其需要技术成控度高、技术承受度高的关键技术，而对自主可控度的要求可以有所降低。战略装备则强调技术贡献度，忽视技术承受度，对技术成控度中的自主可控度要求尤其高。

二、典型装备分析

(一) 扭转战局的侯赛因导弹

侯赛因导弹是伊拉克在两伊战争期间研制的飞毛腿导弹仿制装备。事情起源于两伊战争，起始阶段伊朗和伊拉克两国使用飞毛腿导弹互射，但是由于两国边境线的位置更靠近伊拉克的巴格达而远离伊朗的德黑兰，伊拉克拥有的飞毛腿射程不足以覆盖德黑兰。伊拉克在向苏联求购无果的情况下，以飞毛腿导弹为基础，通过加长弹体、缩减战斗部，改进研发出侯赛因导弹，射程达 600 千米以上，并且在战略纵深大量构筑发射阵地，建立导弹工厂。而伊朗也以飞毛腿-B 为基础进行改制，但是由于能力有限，直至战争结束，尚未具备生产能力，导弹越来越少，因此在战争第四阶段，伊拉克利用导弹袭城战术猛攻德黑兰，以炸逼和，给伊朗方面造成很大的震慑，最终扭转了原本的战争劣势，伊朗最终同意结束战争。

从以上战例可以看出，技术成控度和技术贡献度对装备的重要性。伊拉克利用成控度和贡献度更高的弹体和战斗部技术，通过自主改造，拥有了对装备的自主可控能力，将飞毛腿-B 导弹由 300 千米改造为射程更远的侯赛因导弹，从而在战争中发挥了重要作用。

反观伊朗，由于准备不足，未能够即时形成自主可控的导弹生产和保障能力，使得原本占优的战略态势发生逆转。

在该战例中，也可以看出飞毛腿导弹使用的液体发动机技术同样发挥了较高的技术贡献度，其动力性能足以支撑威力巨大的战斗部，从而使得飞毛腿导弹产生了令人震慑的作战效果。

由于受导弹技术及其制度的限制，弹道导弹作为敏感对象在世界上的扩散受到限制，因此直至今日，中东局部冲突时仍旧在使用飞毛腿导弹，并且具有良好的效果。主要原因有两点：首先，飞毛腿导弹的技术具有较强的普适度，尤其是液体火箭发动机技术和飞行控制技术仍旧是弹道导弹的基础技术；其次，飞毛腿导弹的技术经过多年的消化理解，具备较强的技术成控度和可以接受的技术承受度，液体燃料尽管加注复杂但是技术成熟度高，拥有较强的自主可控力，并且易于保障，成本低廉。

(二) 尴尬的伊斯坎德尔导弹

伊斯坎德尔导弹是俄罗斯的明星导弹，它作为《中导条约》限制下俄罗斯用于反制北约东扩的当家武器，包括 M 和 E 两种类型。其中，M 型为俄军版，射程估算为 500 千米左右，E 型为出口型，射程限制为 280 千米。

伊斯坎德尔导弹与其他导弹相比，具有如下特点。

1）射程远，威力大。伊斯坎德尔导弹的射程和载重量均强于其主要对手——美国的陆军战术导弹系统。

2）命中精度高。伊斯坎德尔导弹系统采用复合制导技术，初始段采用惯性制导，飞行中段采用 GLONASS 制导，末端采用光学自寻的制导，命中精度高。

3）突防能力强。伊斯坎德尔导弹的飞行轨迹为敌方难以预测的变轨弹道，可以全程控制。过载波动范围达到（20～30）g，计算表明，爱国者-3 反导系统不具备拦截伊斯坎德尔的能力。

4）弹头种类多，对抗条件下完成任务概率高。伊斯坎德尔能够配用多种战斗部，此外，由于采用全程控制和末段制导，在对抗条件下完成战斗任务的概率很高，发射1～2枚，即可毁伤典型目标。

5）反应速度快，机动能力强。伊斯坎德尔战术弹道导弹系统作战反应时间16分钟，发射准备时间4分钟，2枚导弹的发射间隔仅1分钟。导弹系统战斗车辆使用越野底盘，通行能力强，具有较高的战术和战略机动能力。

尽管如此，伊斯坎德尔导弹的使用却存在明显的不接地气的问题，其技术体验度和技术承受度低。其较高的末制导精度离不开光学导引头的配合，光学导引头的工作需要准确的目标特性数据支撑，这对国家侦察体系提出了很高的要求。同时导弹造价较贵，承受度不高。俄罗斯在2010年才组建了第一支伊斯坎德尔导弹旅，尽管随时间的推移，俄罗斯装备量逐渐增加，但是伊斯坎德尔的出口版则没有那么好的命运。由于俄罗斯的售卖对象多为第三世界国家，其购买并使用伊斯坎德尔-E导弹存在以下三点难题：首先，造价昂贵。除导弹自身外，导弹发射车、地面保障等一系列装备的造价不菲，使得普通的国家难以承受。其次，保障难度高。伊斯坎德尔导弹可进行GLONASS和光学末段复合制导，但是GLONASS在全球的普及性并不如GPS，更为尴尬的是，末段光学复合制导所依赖的目标特性数据保障对广大第三世界国家而言更是十分不现实的。最后，替代产品的竞争。近年来，在国际地地导弹市场上出现为数不少的火箭弹系列，采用GPS加惯性导航即可以达到较高的精度，造价低于伊斯坎德尔导弹，虽然在机动性和自主可控性上有所不及，但是却足够满足局部冲突的需要。与此同时，土耳其、伊朗等国也在发展自身的弹道导弹技术，并取得了一定成就。

可以看出，技术承受度是限制伊斯坎德尔广泛应用的主要原因，改善技术承受度或者提高国家/地区的保障能力，是伊斯坎德尔未来发展的必由之路。

三、启示

通过美国、苏联/俄罗斯以及伊拉克，历时四代共9型装备的技术五维度评价结果和实际战例的分析，可以看出，技术素质的差异决定装备的性能，从而决定装备是否实用、好用。作为全面的、综合的一种评价方法，通过对装备发展历史的再解读，可以给我们提供新的启示。

（一）前沿性、基础性、颠覆性技术的发现是引领装备发展的驱动力

在军事装备领域，技术发现的过程均是首先由军事装备的需求所引领的，其技术成熟度发展到一定阶段后再应用于装备，反过来又有效提高了装备的性能。因此作为装备研究者，需要基于实战、基于装备，以历史的观点、综合运用科学的评价方法来寻找、发现那些能够明显给装备技术发展乃至科学技术发展带来突破和进步的新技术。不论是已经大量应用于弹道导弹装备的发动机技术，还是诸如机动弹头控制（潘兴2）、光学导引（伊斯坎德尔）在内的前沿性技术，或者是广泛应用于军、民领域的基础性的卫星导航（陆军战术导弹）技术，其在发现之初即具备某一个或者两个维度的突出优点，其共性优点是具有较高的技术贡献度，只有充分掌握并科学应用对技术的评价方法，方能从众多亟需发展的技术中寻找出能够在一段历史时期内具有较大贡献度、引领装备发展乃至促进社会发展的技术。

（二）突出优点、补齐短板是装备技术发展的需要

无论是多么前沿的、颠覆性的技术，其发现之初往往带来的是较高的研发成本、使用成本和保障成本，也就是较低的技术保障度。然而，对装备评价而言，技术贡献度的提高并不能补齐技术保障度

的短板。装备需求的差异需要的是各维度较均衡的发展。弹道导弹所使用的动力技术的发展历史体现了这一点，在弹道导弹发展初期，液体火箭发动机解决了动力的有无问题，为弹道导弹的发展做出了重大的贡献，而随着技术装备和需求的发展，其贮存不便带来的高保障性要求则牵引了固体火箭发动机技术的发展，从而使得固体导弹全面应用于战术弹道导弹的装备领域。同理，飞行控制技术的发展也经历了从低精度到高精度再到机动弹道的"突出优点、补齐短板"的历史进程。

（三）技术的选取应用要匹配装备需求，以发挥整体优势

对于战术型武器装备，技术承受度是必须考虑的因素，技术贡献度并非越先进越好，在面临贡献度与承受度的矛盾时，应当充分发挥总体设计的优势，通过选取适当的技术组合去突出优点、规避缺点。以美军的陆军战术导弹为例，相比同射程量级的苏/俄制武器，其长度、弹径、质量方面都十分轻小，依靠牺牲一部分动力技术、飞行控制和导航方面的技术贡献度，实现了轻量级的弹体，达到了发射装置的通用性配置，同时提高了机动性；通过不同战斗部的组合，弥补了动力技术贡献度不足引起的单兵装备性能不足。陆军战术导弹的系列发展本身就是一个技术组合的典型案例，其强调保障方面的高技术承受度，依靠技术组合、装备体系的优势去弥补装备性能的不足，从而发挥整体的优势。

另一方面，优势的发挥还有相对性。对于非军事强国而言，尽管飞毛腿-B导弹的性能先进性已有所不足，但是对于局部战场，飞毛腿-B/侯赛因导弹依然可以发挥重要作用，其各项技术的五维度评价超过了对手。

（四）科学的评价方法是装备建设、发展、运用的依据

技术五维度评价作为一种评价方法，其科学性首先表现为全面性，可以顾及装备、技术的各个方面，而并非单纯强调性能，轻视

应用。伊斯坎德尔、飞毛腿-B导弹分别在国际军贸市场的冷遇和局部战场的广泛应用，形成了鲜明的对比：性能的先进与否并不能代表优劣，技术保障度、体验度代表的实用性也是装备使用的决定因素。

再者，技术五维度评价的科学性体现在它的通用性，与装备使用不同，在装备探索和预研领域，技术贡献度、体验度所代表的前沿性技术则是需要重点关注的因素。

最后，技术五维度评价的科学性体现在客观性方面。其评价规则和量化体系最大限度消除了个体的主观偏向，其结论能够有效地诠释弹道导弹装备发展的历史脉络和现状。

第七章　国外飞航导弹技术五维度评价分析

飞航导弹专指进攻性的飞航导弹，它是依靠弹体产生的气动力和发动机推力、主要在大气层内飞行、弹道形式多变、有长时间平飞弹道的导弹。实质上，巡航导弹只是飞航导弹的一种类型，特指采用发动机最省油的巡航状态工作、射程大于500千米的各种飞航导弹。随着技术的发展，飞航导弹的概念也在不断注入新的内涵，不仅仅局限于传统的飞航导弹范畴，而是将依靠流体动力（空气动力和水动力）和各种动力装置产生升力的飞行器都囊括其中。进而，各种先进飞航导弹方案不断问世，比如临近空间飞行的组合导弹、跨介质导弹、水下埋伏攻击的导弹等。

本章以国外飞航导弹为研究对象，使用技术五维度评价方法，对飞航导弹所使用的关键技术进行分析和评价。

一、技术五维度评价分析

（一）装备与技术选择

战斧巡航导弹是美国研制的一种从敌防御火力圈外发射的纵深打击武器，它作为远程精确制导的高技术武器装备，已成为以“非接触精确打击”为主要特点的信息化作战思想的重要支柱，在近些年来发生的几场美军为主导的高技术局部战争中发挥了重要的威慑和杀伤作用，其作战威力已引起全世界的高度关注。在飞航导弹技术五维度评价过程中，选择目前最具代表性的战斧系列巡航导弹涉及的关键技术作为评价对象。

在关键技术选择上，主要考虑反映飞航导弹典型技术特征、对装备研制使用模式有重大影响的12项典型关键技术，覆盖武器系统总体技术、动力技术、制导技术、任务规划技术、突防技术、攻击技术等多个专业方向。

(二) 技术五维度评价结果

以装备立项研制阶段的视角，采用专家独立打分的方式对 12 项技术进行了评价，评价结果如表 7-1 所示。

表 7-1 飞航导弹典型型号技术五维度评价结果

型号	关键技术	成控度	贡献度	承受度	普适度	体验度	可用度
BGM-109	任务规划	7	8	6	7	5	6
	弹用小型化发动机	7	6	7	6	5	6
	地形匹配	7	7	6	6	5	6
	景象匹配	7	7	6	5	5	6
BGM-109E	双任务传感器导引	6	7	4	7	6	6
	“侦-控-打-评”	7	7	7	7	6	7
	综合突防	8	7	6	6	6	6
	跃起俯冲的灌顶攻击	7	7	8	7	5	7
LRASM	弹上在线决策与任务规划	7	7	6	5	8	6
	高精度自主导航定位	7	8	7	6	6	7
	综合隐身	9	9	7	9	5	7
	态势感知与目标探测	7	9	7	9	8	8

(三) 评价数据分析

1. 横向数据分析

(1) BGM-109

由表 7-1 可见，该型号任务规划技术、弹用小型化发动机技术、地形匹配、景象匹配技术的技术体验度相对低，而技术成控度和技术贡献度相对较高。造成这样的原因在于，对于信息化程度较高的首型巡航导弹武器，其在任务规划系统的使用上，由于地形图和景象图的制作没有实现自动化，需要人工制作基准图、人工离线规划，使得其技术体验度较低。

而通过任务规划技术可以提前规划飞行航线、打击样式、任务节点，可以通过设计复杂的作战样式取得对敌优势；地形匹配技术与景象匹配技术作为巡航导弹的典型技术，直接开拓了高精度自主导航的新技术领域，带动了国内多个学科的发展，但是后期还需要进一步改进、提升，其贡献度大。

（2）BGM-109E

双任务传感器导引技术的承受度相对较低，只有4级，而成控度和贡献度高，呈现出关键技术的特点。造成这样的原因在于，双任务传感器导引技术具有一定创新性，对系统集成要求也比较高，属于较高难度技术的突破。

“侦-控-打-评”技术和跃起俯冲的灌顶攻击技术均呈现出技术成控度、技术贡献度高而技术体验度偏低的特点。造成这样的原因在于，这两项技术属于第四代巡航导弹的标志性技术，使得巡航导弹具备了“侦-控-打-评”的能力，体系化作战的意义更加显著，但由于美国卫星应用技术较为成熟，因此其承受度也较高。

综合突防技术呈现成控度最高，贡献度也高，承受度、普适度和体验度也较高的特点。造成这样的原因在于，突防技术向来是导弹的核心技术，战斧Block4除了具备较低RCS、可隐蔽低飞外，还针对性地增加了抗干扰卫星定位技术，综合突防技术成熟，突防能力较强，而且完全自主可控。综合突防能力对导弹实战化能力提升贡献大，而且涉及和带动了超低空突防控制、隐身等多个领域技术的发展。

（3）LRASM

弹上在线决策与任务规划技术、高精度自主导航定位技术是推动第四代巡航导弹向第五代跨越的关键技术，呈现出贡献度、体验度得分均较高而普适度相对较低的特点。造成这样的原因在于，这两项技术专属于信息化导弹领域，应用领域相对较窄，如果条件允许的话，需要尽快推广应用，提升技术普适度。

综合隐身技术呈现成控度、贡献度和普适度都很高的特点。造成这样的原因在于，综合隐身技术在 BGM－109E 等装备中已经得到比较充分的发展和应用，技术成控度和普适度高，而且对装备能力、体系能力有很大的提升作用，贡献度大。

态势感知与目标探测技术成控度和贡献度高，承受度相对较低，呈现核心性技术的特点。这说明该类技术提高了作战效能，是未来技术的发展趋势。

2. 纵向数据分析

（1）成控度

由表 7－1 可见，BGM－109、BGM－109E 和 LRASM 的技术成控度都较高，这说明美国飞航导弹在立项时关键技术的技术成熟度相对较高，而自主可控度更高，这主要是因为美国拥有先进和完善的工业技术体系，整个技术水平比较高。

（2）贡献度

BGM－109、BGM－109E 的贡献度高，而 LRASM 的贡献度更高。这是因为 LRASM 导弹的弹上高精度自主导航定位技术、态势感知与目标探测技术对 LRASM 导弹自主打击能力的跃升起到了关键作用。从 BGM－109 导弹到 BGM－109E 导弹，难以达到基本型从无到有的突破性作用，技术贡献度难以继续大幅提升。

（3）承受度

基本型技术承受度整体偏低，发展型有所提升，但总的来看，战斧系列导弹关键技术的技术承受度都不低，这得益于美国雄厚的工业基础和很高的装备技术水平。

（4）普适度

基本型普适度较低，发展型有所提高，预研装备普适度更高。这是由于打分评价时站在立项的角度，而任务规划等技术都是巡航导弹系列的应用技术，越是往后其普适度越高。这也反映出装备立项除了贡献度要高之外，还要考虑技术、装备的延续性，需要持续发展，才能发挥新装备立项所起的作用。

(5) 体验度

基本型体验度较低，发展型有所提高，预研装备体验度也较高。这说明基本型在研制初期使用性考虑不足，体验度较低；随着技术的发展、问题的持续改进，到发展型时，使用性得到很大提升；对于预研装备，其正处于我国实战化发展的关键时期，对使用性提出了很多要求，必然天生具有高使用性的基因，体验度较高。

3. 综合分析

(1) 基本型战术战斧

技术体验度相对较低，这说明战斧系列装备在发展初期，使用体验方面还存在诸多不足，对这种装备要有足够耐心，结合后续使用不断改进提升，并适时推动设计理念的转变，改变装备使用性都不高的局面。

(2) 战斧 Block4

贡献度有提升，但是提升水平不是特别大，这是因为战斧 Block4 相较战斧 Block3 仅仅在低成本、多功能上进行了改进提升，这些提升在技术五维度评价分值中体现不明显。

承受度、体验度有所提升，这说明技术延续、改进在提高技术使用的效费比方面是有效的，在使用方面的提升也是持续进行的，基本型战术战斧已经构建了特点鲜明的亚声速巡航导弹技术群，利用这一技术群可以促进装备技术发展。

(3) LRASM

贡献度、承受度、普适度、体验度均有提升，且更均衡，这说明美国在导弹设计理念上也在不断地调整，仅仅依靠高性能难以在现代化战争中维系，只有更低的使用成本、更高的体系贡献、更佳的操作体验才能将整个作战体系融为一体，更好地推动装备设计理念的变革。

整体来看，这三型装备的关键技术五维度评价的结果比较接近，方差较小，没有明显的起伏。这是因为这三型装备选取的评价技术都是体现装备主要能力、反映装备主要特征的关键技术，但这些技术其他维度评价值也比较高，这说明美国在设计理念上也在不断转变，集中关注于某些性能指标的思路已经渐渐被均衡发展的理念所取代。

二、典型装备分析

（一）百步穿杨的战斧巡航导弹

海湾战争中多国部队充分利用战斧巡航导弹实施“防区外攻击”作战战术，无需冒巨大危险到目标上空投弹，即可实现用极小损失精确摧毁伊军各种有防空设防的战略、战术目标，并大大减少平民伤亡。首轮进攻主要完成对伊拉克战略目标的空中打击，飞航导弹的表现大放光彩。其中，战斧巡航导弹与哈姆反辐射导弹共同实施打击任务，瘫痪其指挥控制体系，使其无力增援科、伊南部的伊军。约95%的伊军雷达站被摧毁，16个截击控制中心只有3个能正常工作，严重削弱了伊军的防空能力，扰乱了它的指挥通信系统，阻止了伊军的信息传输，保证了空中打击的顺利进行。

首轮打击切断了补给线，将伊军孤立于各个战场，使其前线部队战斗力下降50%，后方部队战斗力下降25%；使伊军丧失发现联军部队机动和集结的能力；极大地削弱了伊军的作战能力和意志，使其在地面作战中一触即溃，望风而降。从一定程度上讲，战斧巡航导弹参与的空袭作战实际上已经决定了海湾战争的胜负，联军地面部队主要扮演打扫战场的角色。

从以上战例可以看出，巡航导弹较高的技术贡献度和技术体验度是支撑美国为首的联军空袭目的达成的重要因素。战斧巡航导弹采用长航时涡扇发动机，具备防区外发射和远程打击能力，采用的地形匹配和景象匹配等导航制导技术，使其对目标的打击精度提升到米级，装备能力大幅提升，技术贡献度提高。

由于综合采用惯性导航、GPS和地形匹配、景象匹配技术，其战场环境的适应性进一步提升，技术体验度高，加之，其关键技术的普适度高，使得战斧巡航导弹家族得到迅速发展。战斧巡航导弹从基本型发展为适装海、陆、空基发射平台的三大系列十余型装备，畅销全世界多个国家。

（二）梦断叙利亚的冥河导弹

第四次中东战争中飞航导弹的典型战例是叙利亚使用的П-15冥河导弹被以色列的电子干扰装备诱偏。1973年10月6日，埃及、叙利亚为收复失地，向以色列发动突然袭击，第四次中东战争爆发。在埃、叙进攻的当晚，以色列便组成由5艘导弹艇构成的编队，从海法港出发进入叙利亚领海，主动出击。叙利亚海军则在港口待机迎敌。以色列导弹艇编队在靠近叙利亚海域前方击沉了叙利亚的1艘雷达警戒艇和1艘扫雷艇。之后，叙利亚3艘导弹艇从24～35千米外向以色列导弹艇发射冥河导弹7枚，早有防备的以色列导弹艇迅速向导弹来袭方向发射远、近程箔条干扰弹。只见在远处一阵爆炸过后，闪闪发亮的锡箔形成一片金属丝“云雾”，欺骗来袭冥河导弹的制导雷达，最终使冥河导弹全部偏离预定目标。

从以上战例可以看出，导弹在对抗环境下的适应能力即技术体验度至关重要，在某些情况下可能直接影响战争的胜负。叙利亚引进的俄罗斯冥河导弹采用雷达导引头，缺乏抗电子干扰的能力，复杂电磁环境下的战场适应性差，具体体现为强适应能力差，从而导致实用性不高。

三、启示

通过对美国战斧巡航导弹系列装备的技术五维度评价结果和实际战例的分析，可以发现技术素质的差异，从而优选技术的好苗子；进一步发展技术的先天优势，补齐技术的短板。通过装备技术五维度评价方法的应用，可以给飞航武器装备及其技术发展提供如下启示：

(一) 面向基本型装备需求发现“潜力”技术，带动装备系列化发展

基本型装备的关键技术选取对装备系列化发展具有重大意义，通过技术五维度评价，可以发现技术的高素质所在，发现技术的潜力，从而优选符合基本型装备发展的技术好苗子。比如基本型战术战斧，是具有划时代意义的巡航导弹，不仅要求具有很强的战术性能，对战略威慑性也有较高的要求。通过对任务规划技术、景象匹配技术等技术的评价，发现这些都呈现出大贡献度的突出特性，属于能力型技术，而且潜力巨大，这些技术的选用对战斧巡航导弹的系列化发展起到了关键作用。

(二) 针对技术素质差异和短板，有差别地制定发展计划

对于五型、十类技术，应结合应用需求，对其短板开展维度增长计划，同时进一步突出优势素质。例如，对于贡献度高、体验度高的前沿技术，应该大力发展，制定技术成控度和技术承受度增长计划。在装备发展中，针对第四代装备特征的技术，不仅要考虑技术本身的难度，还要考虑本国配套的保障能力；而对于技术成控度低、其他维度得分高的技术，应该尽快开展攻关、验证工作，切实提高技术成控度。

(三) 技术素质与装备需求匹配一致，提升实战能力

技术的先进性不是装备先进性的评判标志，技术素质与装备需求有效匹配才能最好地实现和发挥装备的任务能力，技术的先进性不一定带来装备整体性能的先进性和作战效能的大幅提升。例如本章典型装备分析中的冥河导弹，其采用的雷达导引头技术在当时也是很先进的技术，但以色列释放的电子干扰构建了复杂的电磁环境，这种情况下需要具备抗电子干扰能力的反舰导弹装备，装备对雷达导引头技术的需求是具有抗干扰能力的技术素质。

第八章　国外防空导弹技术五维度评价分析

战争中的空袭与防空是一对矛盾。空袭武器的“矛”尖锐了，则会促进防空武器特别是防空导弹的“盾”发展，两者在斗争中不断发展和提高。防空导弹的发展是在需求牵引和技术推动下逐步完善的。由于重大关键技术也是在需求牵引下突破的，所以需求牵引是防空导弹发展的基本动力。防空导弹自诞生已有六七十年的历史，目前国际上大量使用的是第三代防空导弹，正在大力发展第四代防空导弹。在现代高技术战争中，空袭与反空袭、空中打击与反空中打击，已成为现代战争的基本模式。许多国家在防空导弹领域不断加大投入，形成了竞相开发的局面。据不完全统计，世界各国累计研制了130多种防空导弹，防空导弹已成为导弹门类中技术最复杂、发展速度最快、装备最多的导弹族系。随着信息化时代的来临，在信息技术的推动下，现代战争的形态发生了根本性变化，战场的透明度大幅度提高，战争的进程大幅度加快，世界各国开始探讨新一代高度信息化防空导弹的发展。

防空导弹是指由地面、舰船或者潜艇发射，拦截敌来袭飞机、导弹等空中目标的一种导弹。防空导弹在欧、美统称为面对空导弹，在俄罗斯等俄语国家称为高射导弹，在中国也称其为地（舰）空导弹。防空导弹指防御来自大气层内外的各种威胁目标的防空导弹，应对目标除常规的来袭飞机外，还包括弹道导弹、临近空间武器及新型空天武器等。

防空导弹武器系统一般指的是防空导弹火力单元，防空导弹火力单元是防空导弹能独立作战的最小单位。

本章以国外防空导弹为研究对象，使用技术五维度评价方法，对防空导弹所使用的关键技术进行分析和评价。

一、技术五维度评价分析

（一）装备与技术选择

选择美国的爱国者系列和俄罗斯的C－300系列作为分析对象，主要是考虑这两国防空导弹武器系统研发起步较早，呈现明显的技术推进特征，各代防空导弹的发展脉络也相对清晰。

在关键技术选择上，考虑反映装备典型技术特征、对装备研制使用模式有重大影响的因素，针对美国的爱国者系列和俄罗斯的C－300系列各选择12项典型关键技术，覆盖武器系统总体设计、导弹系统总体设计、雷达系统总体设计和指控系统总体设计等防空导弹核心专业。

美国的爱国者系列选择的12项典型关键技术分别为第三代防空导弹总体设计技术、相控阵制导雷达总体设计技术、复合制导技术、基于扩频体制的指令线传输技术、威胁智能识别技术、TR模块轻小型化技术、主动雷达导引头技术、远距离协同制导技术、联合火力筹划技术、相参合成技术、姿轨控发动机技术和直接碰撞杀伤技术。

俄罗斯的C－300系列选择的12项典型关键技术分别为中远程防空武器系统总体设计技术、相控阵雷达技术、引战配合技术、导引头技术、作战资源灵活接入技术、灵巧导弹总体设计、制导雷达智能认知抗干扰技术、智能制导控制与信息处理技术、弹间协同制导技术、高效引战配合技术、大空域中远程导弹技术和智能发射控制技术。

（二）技术五维度评价结果

邀请多名专家进行独立打分，打分结果统计值如表8－1～表8－4所示。

表 8-1　爱国者系列关键技术五维度评价分数

型号	关键技术	成控度	贡献度	承受度	普适度	体验度	边长法综合评价等级
PAC-1	第三代防空导弹总体设计	0.836	0.770	0.200	0.275	0.709	5
	相控阵制导雷达总体设计	0.849	0.776	0.211	0.325	0.724	5
	复合制导	0.849	0.785	0.201	0.288	0.720	5
	基于扩频体制的指令线传输	0.856	0.782	0.194	0.300	0.707	5
PAC-2	威胁智能识别	0.774	0.776	0.569	0.438	0.717	6
	TR 模块轻小型化	0.760	0.768	0.557	0.450	0.738	6
	主动雷达导引头	0.767	0.787	0.570	0.450	0.729	6
	远距离协同制导	0.767	0.764	0.554	0.425	0.721	6
PAC-3	联合火力筹划	0.706	0.783	0.685	0.688	0.725	7
	相参合成	0.730	0.763	0.699	0.650	0.719	7
	姿轨控发动机	0.690	0.782	0.673	0.700	0.719	7
	直接碰撞杀伤	0.714	0.768	0.673	0.688	0.725	7

表 8-2　爱国者系列关键技术五维度评价等级数据

型号	关键技术	成控度等级	贡献度等级	承受度等级	普适度等级	体验度等级
PAC-1	第三代防空导弹总体设计	8	8	2	3	7
	相控阵制导雷达总体设计	8	8	2	3	7
	复合制导	8	8	2	3	7
	基于扩频体制的指令线传输	8	8	2	3	7
PAC-2	威胁智能识别	8	8	6	4	7
	TR 模块轻小型化	7	7	6	5	7
	主动雷达导引头	7	8	6	5	7
	远距离协同制导	7	7	6	4	7

续表

型号	关键技术	成控度等级	贡献度等级	承受度等级	普适度等级	体验度等级
PAC-3	联合火力筹划	7	8	7	7	7
	相参合成	7	7	7	6	7
	姿轨控发动机	7	8	7	7	7
	直接碰撞杀伤	7	7	7	7	7

表 8-3 C-300 系列关键技术五维度评价分数

型号	关键技术	成控度	贡献度	承受度	普适度	体验度	边长法综合评价等级
C-300	中远程防空武器系统总体设计	0.849	0.761	0.228	0.288	0.724	5
	相控阵雷达	0.836	0.764	0.218	0.325	0.719	5
	引战配合	0.856	0.750	0.188	0.313	0.724	5
	导引头	0.856	0.762	0.205	0.325	0.734	5
C-400	作战资源灵活接入	0.760	0.779	0.532	0.450	0.724	6
	灵巧导弹总体设计	0.774	0.763	0.579	0.450	0.723	6
	制导雷达智能认知抗干扰	0.795	0.755	0.538	0.450	0.717	6
	智能制导控制与信息处理	0.774	0.782	0.535	0.413	0.736	6
C-500	弹间协同制导	0.698	0.779	0.686	0.675	0.724	7
	高效引战配合	0.722	0.761	0.674	0.650	0.713	7
	大空域中远程导弹	0.682	0.757	0.673	0.700	0.719	7
	智能发射控制技术	0.706	0.797	0.670	0.688	0.706	7

表 8-4　C-300 系列关键技术五维度评价等级数据

型号	关键技术	成控度等级	贡献度等级	承受度等级	普适度等级	体验度等级
C-300	中远程防空武器系统总体设计	8	7	3	3	7
	相控阵雷达	8	7	2	3	7
	引战配合	8	7	2	3	7
	导引头	8	7	2	3	7
C-400	作战资源灵活接入	7	8	5	5	7
	灵巧导弹总体设计	8	7	6	5	7
	制导雷达智能认知抗干扰	8	7	5	5	7
	智能制导控制与信息处理	8	8	5	4	7
C-500	弹间协同制导	7	8	7	7	7
	低易损性目标高效引战配合	7	7	7	6	7
	大空域中远程导弹	7	7	7	7	7
	智能发射控制	7	8	7	7	7

（三）评价数据分析

1. 横向数据分析

(1) PAC-1

从表 8-1 和表 8-2 可看出，PAC-1 的四项关键技术——第三代防空导弹总体设计技术、相控阵制导雷达总体设计技术、复合制导技术和基于扩频体制的指令线传输技术，其贡献度都很大，第三代防空导弹总体设计技术、相控阵制导雷达总体设计技术承受度比较低，这主要是因为爱国者 PAC-1 是第三代防空导弹，相对于第二代防空导弹，技术跨度较大，很多关键技术领域处于从无到有的发展阶段，研发、生产和试验条件都需要新建，研究前期耗费大，但是带动效应和后期收益广，对装备和技术基础都有很大的带动作用，贡献度大，分值高。此外，第三代防空导弹总体设计技术和相控阵制导雷达总体设计技术的普适度都不高，造成这种现象的原因是爱国者 PAC－1 基本型采用无源相控阵体制，而未来的防空导弹系统主要以有源相控阵甚至相参合成为主，故很多设计理念、方法跨代，适用性较差。

（2）PAC－2

从表 8－1 和表 8－2 可看出，远距离协同制导技术、TR 模块轻小型化技术，技术承受度相对较低，贡献度高，这是因为这两项技术既属于技术创新，也属于高难技术的突破，因此表现为承受度低，贡献度高。相控阵雷达导引头技术、威胁智能识别技术承受度相对较高，主要是因为前期有多个预研装备，有相关技术基础，相应地，其普适度和体验度也很高，主要是因为在爱国者发展型中，采用了一定程度的人机界面设计，智能识别自动化程度高，使用比较简便，因此体验度高。

（3）PAC－3

从表 8－1 和表 8－2 可看出，联合火力筹划技术、相参合成技术、姿轨控发动机技术和直接碰撞杀伤技术四项关键技术都具有贡献度相对较高、承受度低和成控度不高的特点，这是因为这些技术都是推动第三代防空导弹向第四代跨越的技术，对装备能力、体系能力提升及其带动和辐射效应大，同时，作为新技术，其成控度不高，技术攻关难度大，需要的人力、物力投入大，因此承受度低。

（4）C－300

从表 8－3 和表 8－4 可看出，四项关键技术呈现了贡献度高、成控度和承受度低的特点，其原因在于该装备是第三代防空导弹，技术跨度较大，很多关键技术领域在当时处于从无到有的发展阶段，研发、生产和试验条件都需要新建，研究前期耗费大，但是带动效应和后期收益广，对装备和技术基础有很大的带动作用，贡献度高。

（5）C-400

从表8-3和表8-4可看出，灵巧导弹总体设计、制导雷达智能认知抗干扰技术的技术承受度相对较低，贡献度高，这是因为这两项技术既属于技术创新，也属于高难度技术的突破，因此表现为承受度低，贡献度高。作战资源灵活接入技术、智能制导控制与信息处理技术承受度相对较高，主要是因为在装备发展型中，采用了一定程度的人机界面设计，使得从用户使用角度看体验度高。

（6）C-500

从表8-3和表8-4可看出，四项关键技术都具有贡献度高、承受度低和成控度相对较低的特点，这是因为这些技术都是推动第三代防空导弹向第四代跨越的技术，对装备能力、体系能力提升及其带动和辐射效应大，同时，作为新技术，其成熟度不高，技术攻关难度大，需要的人力、物力投入大，因此承受度低。

2. 纵向数据分析

（1）PAC-1

从表8-1和表8-2可看出，PAC-1的四项关键技术——第三代防空导弹总体设计技术、相控阵制导雷达总体设计技术、复合制导技术和基于扩频体制的指令线传输技术的成控度都在0.8以上，折算到成控度等级为8，符合项目立项时关键技术成熟度在6以上的基本原则，同时，四项技术的贡献度都在0.75以上，这说明对于这种从无到有的装备来说，必然，也必须在功能、性能上有大的提升，同时该装备的系列化发展对体系的贡献很大，提升了体系完备性，带动了多个专业、装备、技术的发展，完全符合该装备的历史定位。这也从另一方面说明，进行新装备技术发展时，要看其贡献度的大小，更要看普适度的大小，只有普适度更高的装备技术，产生的影响才能更大，辐射才能更广。而关键技术的承受度和体验度相对较低，这是因为系列装备在发展初期，关键技术攻关需要新建各种条件，同时使用体验方面也存在诸多不足，对这种装备要有足够耐心，结合后续使用不断改进提升，并适时推动设计理念的转变，改变大量填补空白装备使用性都不高的局面。

(2) PAC-2

从表8-1和表8-2可看出，威胁智能识别技术、TR模块轻小型化技术、主动雷达导引头技术和远距离协同制导技术四项技术的成控度都低于基本型，这符合其作为发展型的特点。同时，其贡献度与基本型基本持平，这主要是因为爱国者的发展型相对基本型有较大幅度提升，如将无源相控阵雷达升级为有源相控阵雷达。同时，四项关键技术的承受度、普适度相对基本型也有所提升，这可以归功于基本型奠定的技术基础。

(3) PAC-3

从表8-1和表8-2可看出，姿轨控发动机技术呈现了成控度、承受度低但贡献度高的特点，这主要是由于采用姿轨控发动机的导弹，打破了利用动压控制导弹的传统方式，因此其过载能力有大幅提升，进而应对大机动目标的实战能力也有相应提高，但这一技术相对于气动控制跨度较大，因此成控度低。动态接入技术，普适度较高，这符合该技术的内涵，即可实现对各类防空反导作战资源的快速灵活接入，因此，适应的装备更多。

(4) C-300

从表8-3和表8-4可看出，中远程防空武器系统总体设计技术、相控阵雷达技术、引战配合技术和导引头技术均呈现出成控度、贡献度高但承受度、普适度低的趋势。成控度高的原因在于，该装备作为系列的基本型，多数关键技术已经在预研中突破，至少是在特定环境下得到了充分验证，因此各项关键技术的成控度等级都为8，最终导致平均成控度在0.8以上（归一化后）。贡献度高的原因在于，作为中远程武器的关键技术，其对整个防空反导体系能力的形成具有决定性的意义。而承受度低的原因在于，作为基本型，其可借鉴的前一代装备或其他系列装备的经验较少，即便通过具体改造或利用现有条件，其研制采购成熟度也较低。基本型普适度低的原因在于通用化、标准化的思想没能深入到装备设计中。

(5) C-400

从表 8-3 和表 8-4 可看出，作战资源灵活接入技术、灵巧导弹总体设计技术、制导雷达智能认知抗干扰技术和智能制导控制与信息处理技术四项技术的成控度都低于基本型，这符合其作为发展型的特点，同时，其贡献度与基本型基本持平，这主要是因为装备的发展型相对于基本型有较大幅度提升，首次将智能雷达、智能制导控制等新兴技术引入装备等。同时，四项关键技术的承受度、普适度相对于基本型也有所提升，这可以归功于基本型奠定的技术基础。

(6) C-500

从表 8-3 和表 8-4 可看出，高效引战配合技术的成控度最高，大空域中远程导弹的成控度最低，这是因为经过多年装备的研制，对大机动目标有效毁伤已经具备一定基础，通过研制 C-400 等装备，已经突破了动能直接碰撞杀伤的方式；大空域中远程导弹成控度低的原因在于，未来装备需要导弹杀伤空域横跨大气稠密和大气稀薄区域，截至目前，相关技术基础相对薄弱。智能发射控制技术的贡献度最高，这在一定程度上反映出装备智能化的发展需求。

3. 整体分析

从整体看，基本型、发展型和未来型，成控度有逐渐递减的趋势，其中基本型的成控度在 0.8 以上，发展型和未来型的成控度均为 0.7 左右。

基本型、发展型和未来型的贡献度基本一致，其原因在于从基本型到发展型再到未来型，每一步其本质都是全新的装备，因此，其贡献度均很高。

从技术承受度角度看，基本型的承受度平均值低于发展型和未来型，主要原因是在基本型阶段，工业水平还比较落后，研制难度较大，而到了发展型和未来型，由于有了一定的研制基础，虽然技术跨度也不小（可从其贡献度看出），但其承受度已经有所提升。

从普适度角度看，发展型、未来型的普适度相对于基本型更高，这可以视为模块化、通用化等设计理念逐步推广的结果。

从体验度角度看，基本型、发展型和未来型的体验度基本持平，发展型、未来型相对于基本型没有明显提升，这表明工业部门在设计武器系统时，对用户体验的考虑不够充分，只注重对技术指标、战术指标的实现和相关关键技术的突破，一型装备，不仅要满足实用、管用的需求，还要满足好用的需求。

从匹配性角度来看，爱国者系列中的第三代防空导弹总体设计技术、相控阵制导雷达总体设计技术、复合制导技术、基于扩频体制的指令线传输技术、威胁智能识别技术、TR 模块轻小型化技术、主动雷达导引头技术、远距离协同制导技术、联合火力筹划技术、相参合成技术和直接碰撞杀伤技术，C－300 系列中的中远程防空武器系统总体设计技术、相控阵雷达技术、引战配合技术、导引头技术、作战资源灵活接入技术、灵巧导弹总体设计、制导雷达智能认知抗干扰技术、智能制导控制与信息处理技术、高效引战配合技术和智能发射控制技术，其成控度、贡献度和体验度综合得分均超过 0.7，表明这些技术具备“五型技术”中的稳定型、能力型和实用型特征，属于“十类技术”中的核心性技术、实用性技术和前沿性技术。

爱国者系列中的姿轨控发动机技术、C－300 系列中的大空域中远程导弹技术的贡献度、普适度和体验度综合得分均大于或等于 0.7，表明这两项技术具备“五型技术”中的能力型、基础型和实用型特征，属于“十类技术”中的基础性技术、前沿性技术和共性技术。

C－500 系列中的弹间协同制导技术的贡献度、体验度综合得分均超过 0.7，表明该技术具备“五型技术”中的能力型和实用型特征，属于“十类技术”中的前沿性技术。

二、典型装备分析

（一）爱国者大战飞毛腿

海湾战争期间，伊拉克发射了飞毛腿地地导弹对联军进行反击，美军的爱国者-2（PAC-2）防空导弹对飞毛腿导弹进行了拦截，这是世界上具备防空反导一体拦截能力的防空导弹首次反导作战。

飞毛腿导弹主要部件是经过改进的8K14型液体燃料导弹、9P17型移动式发射装置，以具有较高通行性能的MAZ-543A轮式汽车为底盘。导弹装配液体发动机、自动惯性指挥和故障引爆系统和混合装药战斗部，控制装置是安装在喷管出口截面上的气体动力舵。弹药主要成分是AK-27I硝酸氧化剂（2 919千克）、TM-185炸药（822千克）、TG-02起爆炸药（30千克）、压缩空气（15千克），也可装填150千克的核战斗部、爆破战斗部、化学或高爆战斗部，弹长11.25米，直径0.88米，射程300千米，圆概率偏差450米。

美军的PAC-2防空导弹长5.18米，直径0.41米，尾部有4个活动的尾翼，起飞质量914千克，带一个91千克的高能炸药破片弹头。弹头上有一个新型的M818E2脉冲引信。该引信具有双锥波束：窄波束用于对付飞行速度较快的导弹目标，宽波束用于对付飞行速度较慢的飞机目标。导弹离开发射箱时速度为20～30米/秒，拦截时可加速到6*Ma*，拦截战术弹道导弹距离为10～20千米，高度大约为15千米。

1991年1月21日10点，一枚改进型飞毛腿-B地地战术弹道导弹拖着长长的尾焰，从伊拉克中部地区发射升空，很快就穿过大气层，进入攻击沙特阿拉伯首都利雅得的飞行弹道。16秒钟以后，一颗运行于地球静止轨道的美国DSP导弹预警卫星紧急报警，带有高灵敏度红外扫描器的红外望远镜开始跟踪飞毛腿导弹的喷焰，并实时将飞毛腿导弹的飞行轨迹和飞行速度、方向、弹道倾角及位置等信息向地面站传送。设在澳大利亚的美国空间指挥基地和设在本土的美国航空航天司令部同时接收到DSP导弹预警卫星发送的飞毛腿导弹弹道参数，经地面站计算之后，迅速将飞毛腿导弹的飞行弹道和弹着点发往沙特的爱国者防空导弹发射阵地。阵地指挥控制中心立即命令多功能相控阵雷达开机，搜索、截获、跟踪、识别来袭导弹，多功能相控阵雷达在100多千米处发现目标。根据相控阵雷达所测得的数据，指控系统计算出拦截飞毛腿的最佳弹道（飞毛腿导弹无法感知已被美军跟踪，也无法改变自己的弹道，只能按既定轨迹飞行）。所有地面准备工作完成之后，指挥中心命令发射，爱国者导弹以38°倾角升空，并按预置程序改变飞行弹道。同时，地面相控阵雷达继续追踪飞行中的飞毛腿导弹，并据实飞状况适时发出指令，修正爱国者飞行弹道。当爱国者导弹进入末段飞行时，其弹上自动寻的头开始工作，并实时将它所捕捉到的飞毛腿导弹弹道参数反馈给地面指控中心。指控中心根据接收到的相对角偏差数据，经精确计算后，快速将修正指令反馈给爱国者导弹。爱国者导弹按照精确计算的拦截弹道接近飞毛腿导弹，当飞毛腿导弹进入爱国者导弹20米杀伤半径之内时，弹上无线电近炸引信立即引爆破片杀伤式战斗部，最后空中开花，同归于尽。上述过程在1分钟之内完成，这一天，伊拉克发射了10枚飞毛腿导弹，有9枚遭到拦截，成功率达90%。

战后美军统计，伊拉克对以色列发起了10多次导弹攻击，共发射飞毛腿导弹35枚，其中有70%被美国PAC-2防空导弹拦截摧毁。伊拉克对沙特阿拉伯发射飞毛腿导弹33枚，其中90%被PAC-2导弹击毁。但后来也有统计分析指出，PAC-2防空导弹的拦截效率并不像美军宣称的那么高，PAC-2对伊拉克发射的82枚飞毛腿导弹进行了拦截，成功地击毁了42枚，拦截率仅为51.2%。实战中，PAC-2软件故障也导致该导弹不能发射或误射，以致2月26日沙特宰赫兰军营遭到飞毛腿导弹的袭击后损失惨重。

海湾战争中，爱国者防空导弹拦截飞毛腿导弹的作战是一体化防空反导导弹的首次实战应用。尽管过去的多年里，美国、苏联均研制过反导导弹，但反导导弹均未进行过实战检验，并且防空作战与反导作战相互独立。此次战争中，应用防空反导一体能力的“爱国者”导弹实现了一体化防空反导导弹技术的实践，所谓一体化的防空反导导弹技术是指将反导技术能力和防空技术能力系统整合起来实施设计，达成高效的防空反导作战能力。虽然此次战争中，爱国者防空导弹集防空作战能力和反导作战能力于一体，防空反导一体化作战的实质就是爱国者防空导弹的作战，同时也是防空反导一体化战法的首次应用，此次作战为世界上防空反导一体化作战开创了先河，也为后来发展的防空反导体系作战应用奠定了基础。

爱国者系列关键技术评价等级如表 8-5 所示。可以看出，PAC-2 智能威胁识别技术、主动雷达导引头技术成控度、贡献度较高，这两项技术对于反 TBM 至关重要，一方面威胁智能识别技术有助于及时对来袭弹道导弹目标识别，另一方面主动雷达导引头技术又能确保拦截精度，弹道导弹通常飞行速度较高，使用地面制导的雷达，采用半主动制导体制，其末制导精度难以保证，而正是由于 PAC-2 采用了主动雷达制导体制，在中末制导交班完成后，末制导精度主要取决于导引头探测精度，由于导引头与弹道导弹相对距离近，因此其探测的系统误差和起伏误差都很低，最终使得其制导链路闭环概率更高。海湾战争的实践也表明，使用爱国者拦截飞毛腿的命中概率较高。

通过对飞毛腿的分析可知，对于某一类目标进行拦截时，关键技术成控度、贡献度对最终的实战效果往往能起到决定作用。

表 8－5　爱国者 PAC－2 系列关键技术五维度评价等级数据

型号	关键技术	成控度等级	贡献度等级	承受度等级	普适度等级	体验度等级
PAC－2	威胁智能识别	7	7	5	4	6
	TR 模块轻小型化	7	7	5	4	7
	主动雷达导引头	7	7	5	4	7
	远距离协同制导	7	7	5	4	6

（二）海湾战争中伊拉克防空导弹的使用

海湾战争是以美国为首的多国部队于 1991 年 1 月 17 日至 2 月 28 日在联合国安理会授权下，为恢复科威特领土完整对伊拉克进行的局部战争。

海湾战争主要战斗包括历时 42 天的空袭以及在伊拉克、科威特和沙特阿拉伯边境地带展开的历时 100 小时的陆战。多国部队以较小的代价取得决定性胜利，重创伊拉克军队。伊拉克最终接受联合国 660 号决议，并从科威特撤军。

海湾战争是美军自越南战争后主导参加的第一场大规模局部战争。在战争中，美军首次将大量高科技武器投入实战，展示了压倒性的制空、制电磁优势。通过海湾战争，美国进一步加强了与波斯湾地区国家的军事、政治合作，强化了美军在该地区的军事存在。

多国部队作战飞机 1740 架，包括了美国 F－117A 隐身战斗机、B－52 轰炸机等。美军拥有 F－117A、F－16、B－52、B－1、F－15、F－14、F/A－18 等战斗机和轰炸机，大量的战斧巡航导弹、常规空射巡航导弹、空地导弹、空地激光制导炸弹、联合防区外直接攻击弹药等多种空对地打击武器。美军在伊拉克周边部署了爱国者导弹系统，其中在科威特部署了 PAC－2 系统，在以色列、土耳其也部署了 PAC－2 系统。

伊拉克共有254个防空导弹阵地、1000多部发射架，包括苏制SA-2、SA-3、SA-6、SA-8、SA-9、SA-13，法制罗兰特，美制霍克等装备，基本覆盖了高-中-低、远-中-近所有空域，其中有一部分导弹时代较新，性能较强。此外，伊地面部队还拥有多达6788具SA-7B、SA-14和HN-5等单兵防空导弹发射装置，作为班排防空武器使用。作为导弹火力的补充，伊拉克在全国各地还设置了大量的高炮阵地，共部署了各型高炮10000余门和数目极其庞大的高射机枪，可以覆盖从低空到近万米的空域。

此次海湾战争中，多国部队的武器装备进入到了新一代的装备阶段，作战飞机多为第三代作战飞机、防空导弹多为第三代防空导弹，而伊拉克的防空导弹还处在第一代、第二代防空导弹装备阶段，其进攻性的飞毛腿导弹也属第一代地地导弹，从空袭武器与防空武器的对比上不难看出，伊拉克与多国部队装备上已经产生了代差，显然处于弱势。

以SA-2为例，通过技术五维度分析可知其作战效能不佳的原因。从表8-6可知，SA-2防空导弹仍然使用的是指令线等制导技术，且其引战配合、制导雷达等关键技术的成控度、贡献度较低，承受度也较低，因此面对多国部队强大的电子战优势和高强度、立体化空袭，SA-2防空导弹难以发挥有效作用。此外，由于其体验度等级低，伊拉克防空部队对原本就落后的防空导弹的操作又存在一定的困难，这也进一步加剧了其与先进空袭体系的差距。

表8-6 SA-2关键技术五维度评价等级数据

型号	关键技术	成控度等级	贡献度等级	承受度等级	普适度等级	体验度等级
SA-2	防空武器系统总体设计	5	4	2	3	2
	制导雷达	6	4	2	3	4
	引战配合	6	5	2	3	5
	指令线制导	5	4	2	3	6

三、启示

通过美国爱国者系列和俄罗斯 C-300 系列两型装备关键技术五维度评价和典型装备在实战中的分析，可以看出，装备的关键技术是决定装备性能优劣的基因，对装备技术的评价至关重要。五维度评价方法是一种综合的评价方法，对技术的认识有以下四点启示：

（一）"发现"

技术五维度评价通过定量结合定性的方法，可以直观地得到技术在成控度、贡献度、承受度、普适度、体验度五个方面的量化结果，从而可以让技术的使用者知道该技术在哪一方面处于优势，哪一方面处于劣势，以及该技术是否存在致命缺陷。以海湾战争中伊拉克使用的 SA-2 导弹为例，其导弹总体技术的技术体验度等级低至 2，表明其在当时的实战环境下不能很好地使用，这也成为了其在海湾战争中基本没有发挥出作用的原因之一。

（二）"发展"

当我们用技术五维度评价方法看到了技术的优势和劣势，自然而然地会去进一步发展它的优势、弥补它的劣势。以 SA-2 为例，该型装备体验度偏低的主要原因是导弹的动力系统采用了液体火箭发动机的技术体制，液体火箭发动机在作战前需提前加注，极大地影响了装备的使用便捷性和装备的准备快速性，因此其体验度较差。也正因为这个原因，苏联在后续的装备中，大力发展了固体火箭发动机技术，弥补了液体火箭发动机技术体验度差的缺陷，使导弹武器装备的使用更便捷。

（三）“发挥”

技术评价终归要反馈到装备的需求上来，指导装备的进一步发展。以 PAC-2 导弹为例，其在海湾战争中对抗飞毛腿导弹取得了巨大的优势，主要得益于其采用的 TVM 制导体制，因此，在 PAC 系列导弹的后续发展中，PAC-3 导弹更换了研制厂家，将末制导升级为主动雷达制导体制，并进一步提升了导引头的探测精度，同时考虑到 PAC-2 采用的 91 千克战斗部对弹道导弹毁伤能力偏弱的问题，在 PAC-3 上采用了直接碰撞的杀伤方式。这样的改变也体现出技术评价促进装备性能提升的作用。

（四）“发言”

技术五维度评价方法是一种定量结合定性的评价方法，评价的角度较为全面，避免了传统评价方法仅从一个角度对技术进行评价的问题。同时，得到的结果为多位专家打分的平均值，最大限度地避免了人为因素导致的评价误差，评价结果具有较高的可信性。

第九章　国外空空导弹技术五维度评价分析

空空导弹是指由飞机发射，拦截敌来袭飞机、导弹等空中目标的一种导弹。空空导弹最早于二战中开始出现，经七十多年的发展，空空导弹经历了从无到有、从有到优的过程。各种新理论、新材料、新技术在空空导弹的设计与制造中得到不断的应用，使得空空导弹性能得到不断的提升，同时发展成为一个庞大的空空导弹系列。现今的空空导弹制导方式包括红外制导、雷达制导等，射程涵盖远、中、近，使用军种包括空、陆、海，空空导弹已经成为现阶段空战中的核心机载武器。

本章以国外空空导弹为研究对象，使用技术五维度评价方法，对空空导弹所使用的关键技术进行分析和评价。

一、技术五维度评价分析

（一）装备与技术选择

按照技术五维度评价目的和指标，选取空空导弹发展过程中红外型和雷达型的典型代表装备，针对影响其主要性能指标中的导引、飞行控制、引战配合、发动机技术等关键技术进行分析评价。

（二）技术五维度评价结果

技术五维度分析以装备立项研制阶段的视角，采用扩大打分样本求平均数的原则，尽可能保证结果的客观性。经过评分和计算，红外型和雷达型空空导弹和所使用技术的五维度评价结果分别见表9－1和表9－2。

表 9-1　红外型空空导弹技术五维度评价结果

划代	型号	关键技术	成控度	贡献度	承受度	普适度	体验度	可用度
第一代空空导弹	AIM-9B	红外导引	9	7	5	3	3	5
		飞行控制	8	6	6	5	3	5
		引战配合	8	6	6	5	4	6
		快速伺服舵机	7	6	5	5	5	6
		固体火箭发动机	7	7	5	5	5	6
	P-3	红外导引	6	6	5	3	3	4
		飞行控制	7	6	4	5	4	5
		引战配合	7	6	4	5	5	5
		快速伺服舵机	6	6	5	5	5	5
		固体火箭发动机	7	7	6	5	5	6
第二代空空导弹	AIM-9D	红外导引	9	7	6	3	4	5
		飞行控制	8	5	6	5	4	5
		引战配合	8	6	6	5	4	6
		快速伺服舵机	9	6	6	5	5	6
		固体火箭发动机	8	6	7	5	5	6
	P-80	红外导引	7	7	4	3	4	5
		飞行控制	7	5	5	7	5	6
		引战配合	6	6	5	5	5	5
		快速伺服舵机	7	6	5	5	4	5
		固体火箭发动机	7	6	5	5	5	6

续表

划代	型号	关键技术	成控度	贡献度	承受度	普适度	体验度	可用度
第三代空空导弹	AIM－9L	红外导引	9	8	5	3	4	5
		飞行控制	9	8	6	7	6	7
		引战配合	8	6	6	6	6	6
		快速伺服舵机	8	8	5	5	7	6
		固体火箭发动机	8	7	7	5	6	7
	P－73	红外导引	5	8	5	3	7	5
		飞行控制	9	7	6	5	6	6
		引战配合	8	6	5	5	5	6
		快速伺服舵机	8	6	5	6	5	6
		固体火箭发动机	8	7	6	7	5	7
第四代空空导弹	AIM－9X	红外导引	9	8	5	3	8	6
		飞行控制	9	7	5	5	8	7
		引战配合	9	7	6	7	7	7
		快速伺服舵机	9	7	7	6	6	7
		固体火箭发动机	9	7	8	6	7	7
	P－74M	红外导引	5	8	6	3	7	6
		飞行控制	9	6	8	5	7	7
		引战配合	9	6	7	7	6	7
		快速伺服舵机	9	6	7	6	6	7
		固体火箭发动机	9	7	6	7	7	7

表 9 - 2　雷达型空空导弹技术五维度评价结果

划代	型号	关键技术	成控度	贡献度	承受度	普适度	体验度	可用度
第一代空空导弹	AIM - 4	雷达导引	6	5	5	3	4	4
		飞行控制	5	4	4	2	4	4
		引战配合	5	5	6	3	5	5
		快速伺服舵机	6	5	5	4	3	4
		固体火箭发动机	7	6	5	3	5	5
	PC - 1Y	雷达导引	6	6	5	3	4	5
		飞行控制	6	4	4	3	5	4
		引战配合	5	4	3	2	4	3
		快速伺服舵机	6	5	4	2	5	4
		固体火箭发动机	7	5	4	5	6	5
第二代空空导弹	AIM - 7E	雷达导引	7	5	5	4	4	5
		飞行控制	7	6	4	2	3	4
		引战配合	7	5	5	3	5	5
		快速伺服舵机	6	5	3	3	3	4
		固体火箭发动机	7	6	4	4	4	5
	P - 80	雷达导引	7	6	4	3	5	5
		飞行控制	6	5	3	2	4	4
		引战配合	6	4	5	3	4	4
		快速伺服舵机	7	4	4	2	5	4
		固体火箭发动机	6	5	4	5	3	4

续表

划代	型号	关键技术	成控度	贡献度	承受度	普适度	体验度	可用度
第三代空空导弹	AIM－7F	雷达导引	6	7	4	4	5	6
		飞行控制	7	6	4	3	6	5
		引战配合	7	6	5	4	5	5
		快速伺服舵机	6	5	4	5	4	5
		固体火箭发动机	7	6	4	5	6	6
	P－27	雷达导引	7	5	4	4	5	5
		飞行控制	6	5	5	4	5	5
		引战配合	7	6	4	5	6	6
		快速伺服舵机	7	7	5	4	5	5
		固体火箭发动机	7	6	4	3	5	5
第四代空空导弹	AIM－120C	雷达导引	8	7	3	3	7	5
		飞行控制	7	6	3	3	6	5
		引战配合	7	6	5	4	5	5
		快速伺服舵机	7	7	5	4	6	6
		固体火箭发动机	7	8	5	5	5	5
	P－77	雷达导引	7	7	5	3	5	5
		飞行控制	8	6	4	4	5	5
		引战配合	7	6	5	3	7	5
		快速伺服舵机	8	7	5	4	6	6
		固体火箭发动机	8	7	4	5	7	6

（三）评价数据分析

1. 红外型导弹

（1）AIM－9D

AIM－9D 导弹由美国福特航太和雷声公司共同生产，其最显著的改进是红外探测器采用了氮气制冷技术，使探测器能敏感到波长更长的辐射信号。在外形方面，AIM－9D 导弹采用卵状头罩设计，流线型的弹头降低了气动阻力。在导引头方面，除首次采用制冷探测元件外，AIM－9D 导弹还重新设计了光学系统。

在推进系统方面，AIM－9D 导弹改进了固体火箭发动机，射程增加至 19 千米；为了加强安全性，发动机点火电路装有抗干扰无线电滤波器，防止由于外界电磁干扰导致导弹意外点火。

在引战系统方面，引信改为无线电近炸引信，位于战斗部前方；战斗部采用了新型连续杆式战斗部，大大提高了杀伤力。

通过上述改进措施，AIM－9D 导弹探测距离增加，导引头敏感辐射信号波长范围扩大，减阻外形设计与大推力发动机的采用使导弹速度更高、射程更远，新的引信与战斗部则缩减了最小射程限制。

通过技术五维度评价，其关键技术表现出以下特点。红外导引技术、飞行控制技术的普适度相对低，AIM－9D 红外型空空导弹是近距格斗型空空导弹，虽然红外导引技术和飞行控制技术能够应用于其他的导弹，但是为了实现近距格斗，空空导弹需要有较强的过载控制能力，故红外导引技术和与其对应的飞行控制技术，均针对近距目标采用了针对性设计，因此其普适度相对低。

横向看表 9－1，红外导引技术的贡献度相对高，从匹配性的角度来看，红外导引技术属于五型技术中的稳定型技术，十类技术中的核心性技术。AIM－9D 是第二代红外型空空导弹，红外导引技术逐步成熟和稳定，探测器采用了氮气制冷技术，并重新设计了光学系统，使得位标器体积更加紧凑，同时也更换了整流罩材料，提高了导引头的灵敏度，使得探测器的性能有了显著提升，近距格斗能力相比上一代导弹有了大幅提升。同时固体火箭发动机技术的贡献度较高，这是因为该型空空导弹针对上一代空空导弹的短板改进了火箭发动机技术，使得射程增加至 19 千米，提高了导弹的攻击距离。

纵向看表 9－1，AIM－9D 导弹五项关键技术的成控度和贡献度相对较高，因为该型导弹采用了上代空空导弹中相对成熟的技术，同时通过技术和软硬件的升级，较第一代红外型导弹的功能和性能有所提升。

（2）AIM－9L

AIM－9L 是美国第三代红外型空空导弹，AIM－9L 导弹性能较上一代导弹有了质的飞跃，其导引头具有快速跟踪、离轴发射能力，采用了高灵敏度制冷锑化铟探测器，探测范围拓展到中波红外辐射，具备了对目标的迎头探测能力，基本实现了对目标全向探测；同时，最大射程增大，最小射程缩短，机动能力显著提高，在当时看，可谓真正意义上的近距格斗利器。

横向看表 9－1，红外导引技术、飞行控制技术普适度相对低，固体火箭发动机技术普适度相对高。AIM－9L 红外型空空导弹导引控制技术与上一代产品相同，都是针对近距目标设计，并不容易直接使用在其他导弹武器上，因此普适度相对低。固体火箭发动机技术普适度相对高，该型空空导弹对发动机推进剂作了改进，使工作时的烟雾较小，提高了导弹的隐蔽性能，与此同时发动机燃烧时间增加，推力增大，该技术也可以应用于地空导弹发动机、助推级等。

纵向看表 9－1，AIM－9L 导弹五项关键技术承受度和普适度相对较低，空空导弹是一种相对专门的机载精确制导武器，很多技术只能用于武器，对其他产业的贡献度不高。但是，红外导引技术普适度有所提升，因为随着整体民用探测技术和器材的需求牵引，用于导弹的探测技术，经过技术改造也逐渐开始用在一些民用红外探测设备上，推动相关技术和产业的发展。

(3) AIM-9X

由美国海、空军联合研制的响尾蛇 AIM-9L/M 导弹取得成功后，二者又开始按照各自的计划独立发展响尾蛇 AIM-9L/M 的后继弹。美海军首先发展了响尾蛇 AIM-9R 导弹的红外焦平面成像探测技术，但其性能仍存在局限——导引头性能与弹体能力不匹配，该项目最终在飞行测试阶段取消。此外，海军还研发了一种响尾蛇 AIM-9 BOA 型试验弹，主要是研究如何通过压缩舵面面积以缩小整个导弹所占空间，满足隐身战斗机内埋要求。与此同时，美空军也在自主研制与 BOA 相似的导弹——AIM-9 Box Office，用于与 F-22 战斗机配套使用。这些项目的多项技术都用到了后来的响尾蛇 AIM-9X 上。

迫使美海、空军重新联合起来的动力主要来源于苏联。P-73 导弹无论是性能指标对比还是对抗演习结果，都令响尾蛇 AIM-9L/M 导弹的劣势暴露无遗。再加上红外干扰与对抗技术的发展，使美国认识到了近距格斗空空导弹前所未有的威胁。严峻的事实面前，美海、空军开始联合研制第四代红外近距格斗导弹，即响尾蛇 AIM-9X。

根据美国海、空军的要求，AIM-9X 导弹应能对付俄罗斯 P-73 及其他大离轴角发射全向攻击导弹，具有比对手更好的目标截获能力、更大的机动能力和优良的抗红外干扰能力。在采用现有响尾蛇导弹发动机、战斗部和引信的同时，着重发展高性能凝视红外成像导引头和低阻大机动弹体外形布局。

响尾蛇 AIM-9X 导弹在气动布局、导引头、控制系统等方面都做了较大改进，摒弃了原响尾蛇鸭式布局，采用正常式气动布局。4 片小弹翼位于弹体前部，用于控制弹体姿态的 4 片舵面位于尾部。采用了推力矢量技术，发动机喷口后方安装了 4 片燃气舵。弹体过载能力达到 $60g$ 。

响尾蛇 AIM-9X 导弹导引头采用红外焦平面阵列实现成像探测，提高了探测精度与抗干扰能力。具有大离轴发射能力，离轴发射角达到±90°。控制系统采用先进自动驾驶仪，可实现大攻角、大机动飞行控制。

横向看表 9－1，AIM－9X 导弹红外导引技术的承受度相对低，由于第四代红外空空导弹采用了红外焦平面成像导引技术，导引头器件的成本及其研制、保障的设备费用大幅度提高。红外导引技术的贡献度相对高，红外成像导引技术是目前红外型空空导弹最为先进的导引技术，提高了探测精度和抗干扰能力，使得导弹对于目标的探测能力大幅度提升。引战配合技术的普适度和承受度相对低，从导引技术与目标打击角度看，由于导引技术的发展，导弹的制导精度有了大幅度提升，导弹的命中精度提高，脱靶量减小，因此在导弹体积、重量受限的条件下，不需要采用更大的战斗部重量来确保毁伤效果，战斗部重量与制导精度采用了均衡性设计，所以造成指数偏低。

纵向看表 9－1，AIM－9X 导弹五项关键技术贡献度均相对较高，技术承受度均相对较低。这是由于 AIM－9X 导弹突破了红外成像制导、大攻角飞行、直接力/气动力复合控制等多项关键技术，使导弹抗干扰能力与探测精度得到提升，飞行控制水平相比上一代有了质的飞跃，导弹总体技术战术指标达到了世界先进水平，带动了相关技术的进一步发展和相关产业的水平提升。但是为了提高导弹性能，AIM－9X 导弹采用了多项先进技术，令导弹的成本和技术难度增大，因此，其普适度和承受度均相对较低。

(4) P－73/P－74M

P－73 的基本型为 P－73MP1，发射质量 105 千克，弹长 2.9 米、翼展 0.51 米、弹径 0.17 米，射程 0.3～20 千米，离轴发射角±45°，最大速度 3.7 Ma，采用重 8 千克的双层连杆式战斗部与无线电近炸/碰炸引信（后期改为激光近炸/碰炸引信）。改进型 P－73MP2 的发射质量增加到 110 千克，弹长增加到 3.2 米，翼展缩至 0.404 米，离轴发射角扩展到±60°以上，导引头升级为 MK－80M，抗干扰能力更强，并增加了初段捷联惯性制导，具备了“发射后锁定”的能力。P-73MP2 改进了发动机，具有长达 11 秒的燃烧时间，使之最大射程增加到 30 千米，导弹的“不可逃逸区”相对于 P-73MP1 大大增加。P-74M 是 P-73 的另一种改进型，用脉冲-90 双波段导引头代替了原来的导引头，其离轴锁定角度增加到 ±60°。P-74M 导弹在 2012 年完成国家测试，并正式在俄罗期服役，被命名为 P-74M。

横向看表 9-1，该系列导弹的红外导引技术的成控度较低，这是因为新型导弹的导引头并不是由俄罗斯生产的，而是由乌克兰的阿森纳公司提供的。但是由于俄罗斯与乌克兰关系的破裂，导致乌克兰阿森纳公司一直无法向俄罗斯继续交付导引头，所以该型导弹的生产一直处于受限状态。

纵向看表 9-1，P-73/P-74M 导弹五项关键技术，除了红外导引技术以外，成控度均相对较高。可以看出，任何一项关键技术成控度过低，都会对装备的发展产生不利影响，严重拖累生产进度，甚至导致生产停止。

2. 雷达型导弹

(1) AIM-7E

AIM-7E 是在 AIM-7D 的基础上加大了射程的半主动雷达制导中距空空导弹，随着飞机速度的不断提高，要求装备这些飞机的空空导弹必须具备迎头攻击的能力，具有更大的速度、更远的射程。因此美海军对 AIM-7D 提出了改进要求：不允许导弹的长度和质量有很大的变化，同时也不许改变载机的气动外形和增加更多的机上设备。

该导弹的动力装置采用洛克达因公司的 MK38 MOD2 固体火箭发动机。长为 1.3168 米，直径 0.162 米。由 1 台固体火箭发动机、1 个 MK265 型点火器组件、点火保险和解除保险机构、保险限制器、尾裙和前后吊挂组成。发动机质量约为 70.4 千克。采用内外表面燃烧的单根管状药柱，同时配有一个相当复杂的药架。推进剂与钢制发动机燃烧室之间用一个共聚物内衬隔开，并使三者互相黏结在一起。战斗部采用高能炸药连杆式战斗部，外观为圆柱形，位于控制舱和发动机之间。

横向看表 9 - 2，AIM - 7E 的雷达导引技术普适度较低，由于该型导弹在设计过程中，其导引头设计基本与 AIM - 7D 相似，适用于中距作战，其半主动连续波雷达制导并不适用于其他类型导弹，因此普适度相对较低。与 AIM - 7D 相比，该导弹的射程增加，能远距离攻击，因此其固体火箭发动机技术贡献度相对较高。

纵向看表 9 - 2，AIM - 7E 的雷达导引技术体验度较低，这是因为 AIM - 7E 的雷达导引技术采用半主动雷达导引技术，在使用上需要载机进行较多的配合机动，在战时进行使用有诸多的不便之处。同时雷达导引技术在空空导弹上使用也存在较多的问题，技术成熟度并不是很高，所以在使用中体验度较差。

（2）AIM - 7F

AIM - 7F 是脉冲多普勒兼连续波半主动雷达制导的空空导弹，于 1967 年开始研制，该型导弹是麻雀系列导弹中改进较大的一种。由于该系列导弹的前四个装备都采用半主动连续波雷达制导，低空性能都不太理想，而 AIM - 7F 采用脉冲多普勒雷达，既能测距，又能测速，有较好的低空性能和下视能力，能及早发现低空目标，与具有下视下射能力的空中优势战斗机配合使用，整个武器系统的作战性能便可大大提高。

1976 年，该导弹以 F - 15 为载机与模拟米- 25 的靶机做了两次交战试验。第一次在目标的杀伤距离范围内通过，第二次击毁了目标。1978 年，对一高度不到 30 米的靶机做了下射试验。该弹于 1977 年开始生产，1981 年停产，订单总数超过 2 万枚。

该导弹的动力装置采用航空喷气公司和北美火箭发动机公司生产的 Mk58 Mod0 单室双推力固体火箭发动机。推进剂装药由赫克里斯公司生产，采用 ANB - 3236 - 2 端羧基聚丁二烯推进剂，用环氧改性，以延长贮存寿命。装药在助推和续航阶段有不同的燃烧面。

该导弹可用两种制导方式，与装有脉冲多普勒雷达的载机配合使用时，导弹低空性能能得到较好的发挥，具有鉴别编队目标的能力，电子抗干扰能力有了提高。具有中距和近距格斗能力，可靠性是 AIM-7E-2 的 8～9 倍。

横向看表 9-2，该型导弹的贡献度相对较高，随着雷声公司在电子技术上的迅速发展，AIM-7F 既能用脉冲多普勒雷达进行制导，又能用连续波半主动雷达制导，因此这极大地提高了雷达型空空导弹鉴别敌方目标的能力，同时又提高了其抗干扰能力。但随着技术水平的提高，其成控度以及普适度也相对下降。同时由于发动机空间的增大，发动机装药相较于 AIM-7E 也有所增加，因此其固体火箭发动机技术的贡献度也较高。

纵向看表 9-2，AIM-7F 的几项关键技术的技术体验度与 AIM-7E 相比有所提升，这是由于技术的不断发展会对技术的不足之处进行改进，使其更加适用于武器装备，但是同时也可以看出，其体验度仍然处于一种较低的水平，这是由半主动雷达导引本身局限性所致。而随后发展的主动雷达导引技术则克服了这一缺点，使雷达型空空导弹的体验度得到了较大的提升。

(3) AIM-120C

AIM-120C 先进中距雷达空空导弹（AMRAAM）是美空军、海军研制的主动雷达制导空空导弹，包括 AIM-120A/B/C/D 等多种改型。该导弹于 1975 年开始研制，1987 年 6 月低速生产，1991 年装备美国空军，1993 年装备美国海军。AMRAAM 采用模块化设计，由四个主要舱段构成，从前至后依次为制导舱、惯性基准装置与引信战斗部、火箭发动机和舵机舱。

动力方面，AIM-120A/B 采用 WPU-6/B 型高性能、高比冲、少烟、串联双燃速内孔装药、助推-续航火箭发动机。发动机质量 70.6 千克，内装 46.72 千克固体含量为 87%的 HTPB 助推剂，总冲 104 千牛·秒。AIM-120C 采用基本型 WPU-16/B 发动机。

AMRAAM 采用惯性/指令修正与主动雷达制导方式。在主动雷达的作用范围内，载机发射导弹后可以随机离开，主动雷达导引头的作用距离约为10千米，约有±5°的视场角，导弹可以在目标离轴25°的情况下发射。

AMRAAM使用质量为22千克的WDU－33/B型高爆破片式定向战斗部，装配具有抗杂波能力的无线电近炸引信。近炸引信可以探测到目标相对于导弹的方位，导引破片飞向目标，而不是沿圆周平均分布。

横向看表9－2，AIM－120C采用基本型系列化的设计思路，沿用了很多之前装备的成熟技术，通过软件升级不断地提高导弹的性能，其成控度均较高。采用主动雷达加惯导及指令修正的制导方式，扩大了导弹的探测距离和攻击距离，突破了空空导弹雷达导引头的技术瓶颈，对雷达导引技术贡献度较高。

纵向看表9－2，AIM－120C导弹五项关键技术成控度和贡献度相对较高，这是由于120系列导弹很好地发挥了系列化特点，新一代产品都是在上一代基础上进行研制的，而且新技术应用并不是一味追求新颖，采用的技术对导弹性能的提升具有较高贡献，而且成控度也具有较高的等级。

3. 整体分析

对以上各型导弹的普适度进行统计分析，统计的几型空空导弹的技术普适度均处于较低的水平，这是因为空空导弹的专业化程度相对较高，很多技术不能用于其他领域，所以在进行空空导弹的研制时，应该按照基本型系列化的思路，参照已有装备或其他导弹类型的成熟技术，不断进行改进和技术升级，增加技术的承受度与普适度。

从统计结果还可以看出，无论是红外型空空导弹，还是雷达型空空导弹，其技术体验度都在从一个较低的水平变化到一个较高的水平，这也是符合客观历史规律的，装备的发展需要一定的周期，技术是一个不断改进的过程，技术五维度评价能够综合地评估一项技术，使一项技术不至于因为某一项的短板而被否定，给予技术更多的发展与生存空间。

在空空导弹技术五维度评价过程中，由于所选用的技术都是关键核心技术，所以可以看出其成控度与贡献度一般处于较低的水平。对于一项关键技术而言，若其成控度较低，那么其稳定性与可控性就有可能要打折扣。俄罗斯的 P-73/P-74M 空空导弹就是一个很好的例证。由于其采用的导引头由乌克兰生产，当俄乌关系恶化以后，导引头的生产就出现了问题，导弹的生产一直处于受限状态。所以武器装备的研制与生产中，一定要重视成控度的问题。

二、典型装备分析

（一）不可靠的麻雀——AIM-7

麻雀是美国唯一由军方主动出资发展的一型空空导弹。最先发展的是第一代雷达型空空导弹 AIM-7A，随后由于实战中对“发射后不管”能力的需求，研制出了 AIM-7C/D/E/E-2 等第二代装备。

与 AIM-7A 相比，AIM-7C 导弹外形基本没有变化，最大的改进在于制导改用了圆锥扫描体制的连续波半主动制导方式。机载连续波雷达照射目标后，导引头接收目标反射的回波信号并进行处理，产生导引信号，引导导弹飞向目标。

其他方面的改进还包括：飞控系统引入了自动驾驶仪，采用俯仰/偏航/横滚三通道控制，根据导引头输入制导信号形成舵控制信号，控制弹体运动并保证其稳定性；此外，为提高导弹性能，雷声公司采用了一些先进元器件与技术，如体积小且测量精度高的半浮式测速陀螺和速度传感器，体积小、重量小的电液放大器，以及运动灵活、耗油量小的液压阀等。

作为 AIM-7C 的改进型，AIM-7D 与 AIM-7C 外形、结构基本一致。主要差别在于采用新型聚硫橡胶固体火箭发动机，并改进导弹导引系统，使其在高速飞行情况下也能有效跟踪目标。

在 AIM－7D 基础上，AIM－7E 主要改进也是在动力装置方面，装备了洛克达因公司研制的新型固体火箭发动机，导弹迎头攻击最大射程增至 35 千米。

作为旨在提高格斗能力的麻雀导弹改型，AIM－7E－2 外形布局、结构与 AIM－7E 基本相同，主要在动力装置与引战系统方面进行改进，提升了导弹近距作战能力。

1965 年美军开始卷入越南战争。交战之初美军携世界最先进战斗机与空空导弹而来，拟以雷霆万钧之势碾压北越空军与地面防空系统。但实战中被军方寄予厚望的麻雀空空导弹却由于可靠性低下而未发挥出应有效能（甚至是拖了后腿），再加上美军战术问题，使得他们在与装备数量和质量均处劣势的北越空军交手时，并未取得预想中一面倒的战果。在 1967 年 6 月 3 日空战中，美军战斗机以麻雀空空导弹为主要武器，发射十余枚（具体总数不详，应在 20 枚左右），仅击落 2 架越军飞机，同时被越方以机炮击落 1 架，击伤 1 架。整个战争期间，麻雀导弹总共发射了 589 枚，仅 55 枚命中目标。在发射的全部导弹中，由于发射、制导、引信等故障引起的发射不成功比例达 65%。整体表现不及同时期参战的响尾蛇导弹。

麻雀空空导弹部分关键技术五维度评价结果如表 9－3 所示，从中可以看出，雷达导引技术的体验度较低，但是其贡献度等级较高，原因是雷达导引技术的应用提升了导弹的探测导引能力，雷达导引技术相比于红外导引技术的优点在于探测精度高、探测距离远、抗干扰能力强等，同时雷达导引技术的运用使导引方法有了新的选择，也为复合导引技术的研发奠定了基础。从成控度的角度分析，其等级为 6，这是因为雷达导引技术在空空导弹上尚未有使用的先例，存在着不确定性的问题，但是由于美国对技术的管控程度较高，所以成控度的等级也处于中等偏上的水平。从匹配性的角度来看，雷达导引技术属于五型技术中的能力型技术，十类技术中的核心性技术。

表 9-3　麻雀空空导弹技术五维度评价结果

型号	关键技术	成控度	贡献度	承受度	普适度	体验度	可用度
AIM-7	雷达导引	6	7	5	3	4	5
	飞行控制	8	6	4	3	4	5
	引战配合	6	6	5	4	3	5
	快速伺服舵机	7	6	5	4	2	4

对麻雀导弹的分析可知，关键技术的应用，应从五维度的角度全面分析，任一维度的失调都有可能给实战中的运用带来意料之外的麻烦。同时，其受技术限制采用连续波半主动制导技术，在使用过程中需不断接收回波实现角度跟踪，而高速飞行中连续波信号幅度变化较大，从而限制了导弹跟踪精度，这也在客观上推动了主动雷达导引技术的发展。

(二) 马岛空战："鹞"与"蛇"的秀场——AIM-9L

围绕马岛（全称马尔维纳斯群岛，英国方面称福克兰群岛）主权归属，20世纪80年代英国、阿根廷之间爆发了一场举世瞩目的战争。作为二战后最经典的夺岛战役，这是一场动用多种先进制导武器与电子装备，战场覆盖水下、海面、空中与陆上的立体战争，尽管不像接踵而至的黎巴嫩战争一样具有鲜明的体系化特点与高科技特征，但它仍然代表了以人和武器穷量堆积为标志的传统战争模式的终结，宣告以精确打击为主题的现代战争模式的诞生。

马岛上空的空战最先掀起了英、阿双方的正面较量，并贯穿于战争的始终。在双方的空中较量中，英国空军凭借鹞式系列战斗机与响尾蛇AIM-9L导弹等先进的武器装备以及娴熟的战术运用取得了压倒性的战绩，捍卫了"不列颠雄鹰"的光荣。据统计，在空战中英军海鹞战斗机先后击落了21架阿军战斗机，而自身却无一损失，取得了空战21∶0的惊人战绩。响尾蛇AIM-9L导弹给出的成绩单同样骄人，发射26枚，命中16枚，命中率达到了惊人的61%。

AIM－9L 空空导弹技术五维度评价结果如表 9－4 所示。作为第三代空空导弹，AIM－9L 的性能大幅提升，弥补了攻击范围与机动性的短板。红外型空空导弹探测元件进一步升级，采用高灵敏度的单元或多元制冷锑化铟探测器，能够探测目标轮廓的红外辐射，这一红外导引技术的采用，从技术五维度评价角度看，虽然普适度较低，但是有较好的贡献度与体验度，所以实战中，空空导弹的性能得到了极大提升。同时，飞行控制技术的贡献度也较高，导弹机动能力提升，且能实现离轴发射，这在实战中为英军赢得了不少发射时机，最终奠定了空战胜利的基础。

表 9－4 AIM－9L 空空导弹技术五维度评价结果

型号	关键技术	成控度	贡献度	承受度	普适度	体验度	可用度
AIM－9L	红外导引	8	9	5	3	6	6
	飞行控制	9	8	6	7	6	7
	引战配合	8	6	6	6	6	6
	快速伺服舵机	8	8	5	5	7	6

三、启示

红外、雷达两型空空导弹的关键技术五维度评价和装备的典型战例分析结果表明，应用技术五维度评价方法能够对技术进行全面、系统的解读，以及清晰、客观的认识。从空空导弹技术五维度评价结果中，可以总结出如下启示。

（一）发现技术的优点与不足

技术五维度评价能够对技术在五个维度进行量化的评价，从而让技术使用者对技术有一个清晰的认知，发现技术的优势与不足。以 AIM－7 空空导弹所采用的雷达导引技术为例，该技术体验度等级只有 4，导致的结果就是，该型导弹在实战中使用效果不佳；但是与此同时，该技术的贡献度与成控度等级较高，属于十类技术中的核心性技术。通过技术五维度评价可以综合地认识一项技术，不会使一项技术因为某一方面的缺失而被埋没。

（二）指引装备技术的发展

采用五维度评价方法对一项技术进行分析，可以认识到技术的不足，同时为装备发展提供指引。美国响尾蛇系列空空导弹早期型号，如 AIM - 9B 所采用的红外导引技术，角跟踪范围与跟踪速度较小，导致在实战使用中只能定轴瞄准发射，同时也不具备抗干扰能力，所以技术体验度只有 3。从技术五维度评价的角度看，这一技术具有较高的贡献度，并不能因为体验度低而抛弃。事实也证明着重发展这一技术会带来巨大的效益。在美国与世界其他各国后续空空导弹型号的研制中，着重对红外导引技术进行突破，第四代红外型空空导弹 AIM - 9X 采用制冷锑化铟探测器，跟踪稳定平台采用捷联稳定式，从而使导引头具备了更高的角跟踪范围和跟踪速度，并具备了一定的抗干扰能力，解决了体验度差的问题，当前红外型空空导弹已成为空战中的两大主力作战武器之一。

（三）指导装备技术组合与选用

在进行装备研制时，可以根据评价结果，指导技术的选用组合，扬长避短，从而发挥装备的最大效能。红外型空空导弹所采用的激光引信技术具备重量小和成本低的特点，从技术五维度评价角度看，具有承受度高的特点；但同时探测距离较近，不适用于制导精度差的导弹，普适度低；而红外导引技术则具有制导精度高的特点，将这两种技术进行组合，可以有效避免激光引信作用距离近的不足，同时又发挥激光引信成本低的优点。

（四）系统可信的技术评价方法

技术五维度评价方法建立了一套较为量化的评估标准，采用专家打分的方法对技术进行评估，具有很好的可信性，用评价结果对技术选择进行指导，具有较好的权威性。只有对技术进行系统、专业、非完全主观的评价，才能对技术进行客观有效的认识，空空导弹技术五维度评价结果证明了技术五维度评价在这方面的“发言”作用。

后 记

此书的创作分为三个阶段。第一个阶段是概念和方法初步研究，始于2014年8月份，结束于2017年1月份，由原总装备部导弹总体技术专业组牵头完成；第二个阶段是概念和方法深化研究，始于2017年2月份，结束于2018年3月份，由航天科工三院牵头，会同航天科工二院、四院，中国空空导弹研究院等单位共同完成；第三阶段是书稿的创作阶段，始于2018年3月份，结束于2019年1月份，由航天科工三院牵头，会同航天科工二院、四院及中国空空导弹研究院等单位共同完成。

目光团队由目光、潘旭东、张忠阳、王长青、宁国栋、涂震飚、毛凯、薛翠利、林涛、禹磊、魏然、何冉、史荣宗、刘俊、姜百汇、张永平等组成。概念的提出、研究的重点和方向、评价思路和方法、写作的大纲和内容，由目光、潘旭东、王长青、宁国栋、涂震飚负责完成并把关；具体的研究和写作工作，第一阶段以薛翠利、禹磊为主完成，第二、第三阶段以林涛为主完成，姜百汇全程参加；涉及到弹道导弹、防空导弹和空空导弹的相关内容，分别由何冉、魏然、史荣宗为主完成；刘俊、张永平负责研究和写作过程中的协调、保障工作。

在研究和写作过程中，团队得到了航天科技一院、七院、八院、十二院，航天科工二院、三院、四院，中国空空导弹研究院，以及有关军种研究院等单位的大力支持，得到了原总装备部导弹总体技术专业组吕级三、张策、张险峰、樊会涛、张忠阳、刘敏华、郭凤美、雷建长等，航天科工三院胡万海、宋斌、庄剑、程进、张克、李长文、于长波、魏佳宁、张虎、王芳，航天二院冯杰鸿、张维刚、唐明南、卓志敏、韩林频、李建荣、张承龙，航天科工四院张东俊、李茂龙、沈玉梅、马威、张涌、王海涛、熊灵芳、袁斌，中国空空导弹研究院崔颢、闫俊、郭正玉、陈辛、王超磊等专家的指导和帮助。

囿于能力和水平局限，书中难免存在缺陷和不足，恳请读者批评指正。

目光

2019年1月4日

参考文献

[1] 孙继鹏，姜利祥，李涛，等．技术成熟度评价在航天器地面环境试验中的应用［J］．航天器环境工程，2014（4）：451－455.

[2] 马宽，龚茂华，周少鹏．技术成熟度在国防装备研制项目管理中的应用——以某航天工程为例［J］．国防科技，2016，37（2）：73－77.

[3] 卜广志．武器装备体系的技术成熟度评价方法［J］．系统工程与实践，2011，31（10）：1994－2000.

[4] 李达，王崑声，马宽．技术成熟度评价方法综述［J］．科学决策，2012（11）：85－94.

[5] 樊会涛，王秀萍，任淼，等．美国“先进中距空空导弹”AIM－120的发展及启示（1）［J］．航空兵器，2015（1）：3－9，22.

[6] 戴岭．诺斯罗普飞翼传奇［J］．国际展望，2004（7）：48－59.

[7] 张强．印度造航母，缘何雷声大雨点小？［N］．科技日报，2017.

[8] 肖凤娟，赵艳涛．航天型号元器件自主可控工作的实践与思考［J］．管理与实践，2013（4）：23－26.

[9] 朱峰，王丽，谭立新．俄罗斯的自主可控网络空间安全体系［J］．信息安全与通信保密，2014（9）：68－73.

[10] J McMillan，L Stodghill. An Investigation into the Causes of the Soviet N－1 Moon .

[11] Rocket Failures［C］. Proceedings of the 35th Joint Propulsion Conference and Exhibit，Los Angeles，1999.

[12] 方勇．美国天基导弹预警跟踪系统发展动向［J］．国际太空，2017（8）：35－41.

[13] 王永寿．经过实战的反舰导弹［J］．飞航导弹，1989（1）：1-6.

[14] David S A，John J G，Frederick P S. Network Centric Warfare: Developing and Leveraging Information Superiority（2nd Edition）［M］. Washington，D. C.：CCRP Publication Series，2002.

[15] 张旭，张方伟．贝卡谷地叙军防空失利的警示［J］．科技视界，2013（6）：1.

[16] 季广智．南联盟军在反空袭战中的反电子战伪装［J］．现代军事，1999（12）：43-44.

[17] 赵辉．美军反导作战体系探析［J］．科技视界，2015（35）：2.

[18] 吴欣．海湾战争中的电子战剖析［J］．系统工程与电子技术，1991（4）：76-85.

[19] 邓伟，倪明仿．海湾战争美军物流特点回顾与总结［J］．物流科技，2004，27（4）：67-69.

[20] 刘练．第一次车臣战争：血战格罗兹尼［N］．中国国防报，2016.

[21] 徐秉君．美国B-52缘何“宝刀”不老？［N］．中国航空报，2014.

[22] 王余涛．利比亚战争背后的“太空奇兵”［J］．国际太空，2011，22（4）：47-50.

[23] 汪立萍，论海玲，赵霜，等．俄格战争中的电子对抗情资分析［J］．航天电子对抗，2009（1）：62-64.

[24] 刘永才，关世义．海湾战争对巡航导弹发展的启示［J］．战术导弹技术，1991（3）：13-24.

[25] 张思博．小斗犬导弹：越战中32枚命中未能摧毁目标［N］．中国航天报，2015.

[26] 任一．海湾战争中的佼佼者——M1A1系列坦克［J］．现代兵器，1993（7）：12-14.

[27] 田聿．英国45型驱逐舰又犯“心脏病”［N］．中国国防报，2016.

[28] 张翚，张小龙．米格-25——一个不朽的传奇［N］．中国国防报，2016.

[29] 陈伟，朱保魁，刘新龙．T－50与F－22战机主要性能对比分析［J］．飞航导弹，2010（8）：45－47.

[30] 郭飞，方宁．折戟巴尔干的F－117A［J］．现代兵器，1999（5）：11－12.

[31] 李建林，赵占辉，王瑞臣．美国MK41导弹垂直发射系统技术发展状况分析［J］．飞航导弹，2005（9）：22－24，32.

[32] 志豪．对航天飞机退役的反思［J］．国际太空，2011（9）：31－36.

[33] 杜善义．先进复合材料与航空航天［J］．符合材料学报，2007，24（1）：1－12.

[34] 李士途．从总体设计角度谈智能可变形飞行器可能遇到的关键问题［C］．智能可变形飞行器发展前景及我们的选择——新观点新学说学术沙龙集，合肥，2009.

[35] 志远．“阿波罗”登月，人类太空史中的里程碑（上）［J］．工会博览，1998（9）：27－29.

[36] 严圣禾．大和号战舰：日本军国主义特攻作战精神的炮灰［N］．光明日报，2009.

[37] 胡晓明，谭新木．新型“爱国者”出炉［N］．新华每日电讯，2002.

[38] 张骏．“雄猫”家族［J］．现代兵器，2006（S1）：24－30.

[39] 丁利平．C－17运输机的维修保障［J］．航空维修与工程，2010（1）：29－30.

[40] 魏毅寅，等．世界导弹大全（第三版）［M］．北京：军事科学出版社，2011.

[41] 居后鸿，曾庆化，陆辰，等．攻角传感器的应用与分析［J］．航空计算技术，2013（6）：118－121.

[42] 陆怡放，吴展．美国为什么放弃“卫兵”反导系统？［J］．现代防御技术，1978（1）：49－54.

[43] 刘士全，隽扬，蔡洁明，等，1553B总线应用发展研究［J］．电子与封

装，2013（12）：12－15.

[44] 梁国明．美国密集阵近程防御武器系统综述［J］．指挥控制与仿真，2000（5）：1－21.

[45] 谢关友，李良春．美军弹药集装化保障对我军弹药集装的启示［J］．包装工程，2008，29（3）：178－181.

[46] 龚惠明．“飞魚”导弹是怎样击中英国谢菲尔德号驱逐舰的？［J］．外国海军导弹动态，1983（1）：66－71.

[47] 毕玉泉，陈小飞．美军航母航空保障装备维修保障的特点及启示［J］．设备管理与维修，2016（10）：104－106.

[48] 曾天翔．现代军用飞机维修面临的挑战之二——隐身飞机的维修［J］．航空工程与维修，2000（3）：2.

[49] 陈兢，赵飞，李炜．美国标准-6导弹性能与发展特点［J］．飞航导弹，2013（4）：26－28，32.

[50] 张洋．美军将全面升级F－15或继续服役20年［N］．中国航空报，2012.

[51] 肖岳月．俄唯一服役航母即将大修［N］．中国国防报，2017.

[52] 吴燕生．技术成熟度及其评价方法［M］．北京：国防工业出版社，2012.

[53] 刘远我．人才测评方法与应用（第三版）［M］．北京：电子工业出版社，2015.

[54] 邢雷．人才评价中心［M］．北京：企业管理出版社，2013.

[55] 刘昕．党政领导干部民主测评及优化［M］．北京：中国人民大学出版社，2017.

[56] 布莱恩·贝克尔，马克·休斯里德，理查德·贝蒂．重新定义人才［M］. 曾佳，康志军，译. 杭州：浙江人民出版社，2016.

[57] 拉斯洛·博克．重新定义团队［M］．宋伟，译．北京：中信出版社，2015.

[58] 罗吉利．装备技术对体系能力的贡献度评价方法［D］．长沙：国防科技大学，2015.

[59] 王乐，曹泽阳，许磊．美俄反导作战体系建设研究分析［J］．飞航导弹，2014（12）：22－26.